"十二五"职业教育国家规划教材
经全国职业教育教材审定委员会审定

网站建设与管理专业

图形图像处理——Photoshop CC

Tuxing Tuxiang Chuli——Photoshop CC Jichu yu Anli Jiaocheng

基础与案例教程

（第 3 版）

牟红云　龚道敏　主编

U0299134

高等教育出版社·北京

内容简介

本书是"十二五"职业教育国家规划教材，依据教育部《中等职业学校网站建设与管理专业教学标准》编写而成。

本书遵循学生的认知规律和接受能力，按照"岗位需求、项目引领、任务驱动、活动实施"的职业教育教与学的理念编写而成，使学生在"做中学，学中做"的过程中形成职业综合能力。

本书以职业岗位的典型案例为基础，将 Photoshop CC 2019 的知识点和图形图像处理技术由浅入深、循序渐进、有机地融入到相关项目和任务中。全书共分 5 个项目、16 个任务，涵盖了图形图像处理行业的方方面面。

全书主要内容包括"走进 Photoshop CC 2019 的世界"、"设计与制作卡片"、"设计与制作户外广告"、"设计与制作相册"和"设计与制作界面"。

本书配套网络教学资源，通过教材所附学习卡，可登录网站（http://abook.hep.com.cn/sve），获取相关教学资源。

本书适用于网站建设与管理及相关专业"图形图像处理"课程教学，也可作为中高级职业资格与就业培训用书。

图书在版编目（CIP）数据

图形图像处理：Photoshop CC基础与案例教程／牟红云，龚道敏主编. --3版.--北京：高等教育出版社，2020.6

　　ISBN 978-7-04-053210-4

　　Ⅰ．①图… Ⅱ．①牟… ②龚… Ⅲ．①图像处理软件-中等专业学校-教材 Ⅳ．①TP391.413

中国版本图书馆CIP数据核字（2019）第275107号

策划编辑	俞丽莎	责任编辑	俞丽莎	封面设计	张雨微	版式设计 张 杰
插图绘制	于 博	责任校对	刘娟娟	责任印制	田 甜	

出版发行	高等教育出版社	网　　址	http://www.hep.edu.cn
社　　址	北京市西城区德外大街4号		http://www.hep.com.cn
邮政编码	100120	网上订购	http://www.hepmall.com.cn
印　　刷	三河市宏图印务有限公司		http://www.hepmall.com
开　　本	787 mm×1092 mm 1/16		http://www.hepmall.cn
印　　张	18.25	版　　次	2010年4月第1版
字　　数	450千字		2020年 6 月第3版
购书热线	010-58581118	印　　次	2020年 6 月第1次印刷
咨询电话	400-810-0598	定　　价	43.80元

出版说明

　　教材是教学过程的重要载体，加强教材建设是深化职业教育教学改革的有效途径，是推进人才培养模式改革的重要条件，也是推动中高职协调发展的基础性工程，对促进现代职业教育体系建设，提高职业教育人才培养质量具有十分重要的作用。

　　为进一步加强职业教育教材建设，2012年，教育部制订了《关于"十二五"职业教育教材建设的若干意见》（教职成〔2012〕9号），并启动了"十二五"职业教育国家规划教材的选题立项工作。作为全国最大的职业教育教材出版基地，高等教育出版社整合优质出版资源，积极参与此项工作，"计算机应用"等110个专业的中等职业教育专业技能课教材选题通过立项，覆盖了《中等职业学校专业目录》中的全部大类专业，是涉及专业面最广、承担出版任务最多的出版单位，充分发挥了教材建设主力军和国家队的作用。2015年5月，经全国职业教育教材审定委员会审定，教育部公布了首批中职"十二五"职业教育国家规划教材，高等教育出版社有300余种中职教材通过审定，涉及中职10个专业大类的46个专业，占首批公布的中职"十二五"国家规划教材的30%以上。我社今后还将按照教育部的统一部署，继续完成后续专业国家规划教材的编写、审定和出版工作。

　　高等教育出版社中职"十二五"国家规划教材的编者，有参与制订中等职业学校专业教学标准的专家，有学科领域的领军人物，有行业企业的专业技术人员，以及教学一线的教学名师、教学骨干，他们为保证教材编写质量奠定了基础。教材编写力图突出以下五个特点：

　　1. 执行新标准。以《中等职业学校专业教学标准（试行）》为依据，服务经济社会发展和产业转型升级。教材内容体现产教融合，对接职业标准和企业用人要求，反映新知识、新技术、新工艺、新方法。

　　2. 构建新体系。教材整体规划、统筹安排，注重系统培养，兼顾多样成才。遵循技术技能人才培养规律，构建服务于中高职衔接、职业教育与普通教育相互沟通的现代职业教育教材体系。

　　3. 找准新起点。教材编写图文并茂，通顺易懂，遵循中职学生学习特点，贴近工作过程、技术流程，将技能训练、技术学习与理论知识有机结合，便于学生系统学习和掌握，符合职业教育的培养目标与学生认知规律。

4. 推进新模式。改革教材编写体例，创新内容呈现形式，适应项目教学、案例教学、情景教学、工作过程导向教学等多元化教学方式，突出"做中学、做中教"的职业教育特色。

5. 配套新资源。秉承高等教育出版社数字化教学资源建设的传统与优势，教材内容与数字化教学资源紧密结合，纸质教材配套多媒体、网络教学资源，形成数字化、立体化的教学资源体系，为促进职业教育教学信息化提供有力支持。

为更好地服务教学，高等教育出版社还将以国家规划教材为基础，广泛开展教师培训和教学研讨活动，为提高职业教育教学质量贡献更多力量。

高等教育出版社
2015 年 5 月

第3版 前言

本书是"十二五"职业教育国家规划教材，依据教育部《中等职业学校网站建设与管理专业教学标准》编写而成。自 2010 年（第 1 版）、2015 年（第 2 版）出版以来，受到了广大师生的好评，并给予了许多中肯的建议，同时，随着软件的升级和行业的变化，本书修订再版迫在眉睫。

本次修订将岗位职业能力需求和计算机应用专业课程特征相结合，以"岗位需求、项目引领、任务驱动"为指导，理论与实践相结合，遵循学生的认知规律和接受能力，培养学生的自主学习能力。

本次修订仍然保持专家、老师们十分认同的整体结构和典型的案例，增加了新版本软件新功能，更新了全部图像，修改了部分文字，适当删除了不常用的软件功能介绍。

本书由浅入深、循序渐进地安排学习内容，根据知识点设计与实际社会生活相关的项目和任务，力争实现"专业与产业、职业岗位对接，专业课程内容与职业标准对接，教学过程与生产过程对接，职业教育与终身学习对接"。

本书设计了"走进 Photoshop CC 2019 的世界""设计与制作卡片""设计与制作户外广告""设计与制作相册"和"设计与制作界面"共 5 个项目，每个项目有 2～4 个任务，每个任务按照"任务描述"—"任务分析"—"任务准备"—"任务实施"—"任务拓展"—"思考练习"—"活动评价"等模块组织教学内容，具体安排如下：

任务描述：以项目为单元，从社会生活实际中提取任务，简要描述任务完成的效果。

任务分析：分析完成本任务需要的基本方法与技术，以及应该注意的事项。

任务准备：本任务中的关键知识、技术及其操作方法。

任务实施：图文结合，详细讲解完成本任务的操作步骤。其中，以"小提示"的方式解决技术方面的难点、技巧和应该注意的问题。

任务拓展：有助于学生能力发展，与本任务关系较紧密的知识、技术。

思考练习：1～3 道与本任务密切相关的思考题或练习题，用以检测学习效果。

活动评价：紧紧围绕本任务完成过程，细化若干个指标，形成学生自评、生生互评和教师评价的多元评价体系，小结本任务的活动过程。

本书建议总学时为 64 学时，具体学时安排建议如下表，教师在教学过程中可以根据学生的学习基础与实际学习状况适当调整。

学 时 表

项　目	任　务	学　时
项目一　走进 Photoshop CC 2019 的世界	任务一　认识 Photoshop CC 2019	2
	任务二　体验 Photoshop CC 2019	2
项目二　设计与制作卡片	任务一　设计与制作名片	4
	任务二　设计与制作会员卡	4
	任务三　设计与制作贺卡	4
	任务四　设计与制作明信片	4
项目三　设计与制作户外广告	任务一　设计与制作移动通信户外广告	4
	任务二　设计与制作凉茶户外广告	4
	任务三　设计与制作洗发用品户外广告	4
	任务四　设计与制作机械产品户外广告	4
项目四　设计与制作相册	任务一　设计与制作儿童相册	5
	任务二　设计与制作写真相册	5
	任务三　设计与制作怀旧相册	5
	任务四　设计与制作婚纱相册	5
项目五　设计与制作界面	任务一　设计与制作网站首页界面	4
	任务二　设计与制作播放器界面	4
合　计		64

本书由牟红云、龚道敏主编，由龚道敏修订完成。在编写的过程中还得到冉芳等老师的大力支持，相关企业人员参与并设计了部分案例，提供了大量素材和岗位规范要求，在此一并表示诚挚的谢意。

本教材配套网络教学资源，按照本书书末"郑重声明"下方的学习卡账号使用说明登录 http://abook.hep.com.cn/sve，可上网学习，下载资源。

限于编者水平与时间，书中疏漏与不妥之处在所难免，敬请广大读者批评指正。编者的联系方式：zz_dzyj@pub.hep.cn。

编　者
2019 年 9 月

目 录

项目一 走进 Photoshop CC 2019 的世界
SECTION 1 zoujin Photoshop CC 2019 de shijie

数字时代人们接收信息的方式正在发生变革，信息传播方式的变革自然会催生一些新的职业。比如文字与书籍诞生后，出现了作者和出版商；影视诞生后，出现了导演、演员、制片人、记者和主持人等。数字媒体的出现使一种新职业——数字信息设计师蓬勃兴起。

根据当前数字媒体信息制作、传播和接收的特点，数字信息设计师既要能够适应传统的信息传播方式，又要具备诸如文本创意、美术设计、影视技术和计算机网络的知识与技能。获取这些知识与技能并非一日之功，但我们起码要做到"一专多能"，择取其一深入研究，然后融会贯通其他方面方能立足于数字媒体信息制作、传播领域。

Photoshop 软件是数字媒体信息制作领域的重要工具软件之一，熟练应用 Photoshop 软件能为信息数字化助上一臂之力。

在本项目中，我们将了解 Photoshop CC 2019 软件中的基本操作，从而将我们引进 Photoshop 设计、制作的殿堂。

 项目目标

1. 认识 Photoshop CC 2019 操作界面。
2. 了解 Photoshop CC 2019 的基本功能和应用领域。
3. 学会调整 Photoshop CC 2019 操作界面。
4. 掌握 Photoshop CC 2019 文件的基本操作。

 项目分解

◎ **任务一** 认识 Photoshop CC 2019
◎ **任务二** 体验 Photoshop CC 2019

任务一 认识 Photoshop CC 2019

renshi Photoshop CC 2019

 任务描述

Photoshop 是图形图像处理、平面设计与制作的重要工具软件之一，也是开设本课程的软件依托。了解 Photoshop 软件的发展过程、基本特点及操作界面是引领读者走向设计之门的重要环节，认识其基本功能和应用领域是学好本课程的基础。

 任务分析

Photoshop CC 2019 具备一般软件的基本特点，软件界面清晰简洁，功能划分一目了然，与其他工具软件类似，本任务难度不大。

 任务准备

1. 了解 Photoshop CC 2019

Adobe Photoshop 是 Adobe 公司旗下最为出名的图像处理软件之一，目前最新版本为 Photoshop CC 2019，启动界面如图 1-1-1 所示。Photoshop CC 是集图像扫描、编辑修改、图像制作、广告创意，图像输入与输出于一体的图形图像处理软件，深受广大平面设计人员和电脑美术爱好者的喜爱。

图 1-1-1　Photoshop CC 启动界面

Adobe 公司于 2013 年 7 月推出了 Photoshop CC。CC 是指 Creative Cloud，即云服务下的新软件

平台，用户可以把自己的工作结果存储在云端，随时随地在不同的平台上工作，云端存储也解决了数据丢失和同步的问题。随后，Adobe 公司按年份先后推出 2014、2015、2016、2017、2018、2019 等版本。Photoshop CC 增加了 Typekit 字体、搜索字体、路径模糊、旋转模糊、人脸识别液化、匹配字体、内容识别裁剪、匹配字体、替代字形、全面搜索等功能。

2. 了解 Photoshop CC 2019 操作界面

　　Photoshop CC 2019 的操作界面包含菜单栏、文档窗口、工具箱、工具选项栏和面板等组件，如图 1-1-2 所示。

图 1-1-2　Photoshop CC 2019 操作界面

　　（1）菜单栏。菜单栏包括多个菜单，每个菜单中包含多个可执行的命令，单击菜单名称可以打开相应的命令选项。

　　（2）标题栏。显示文档名称、文件格式、窗口缩放比例和颜色模式等信息。

　　（3）工具箱。工具箱中包含用于图像处理的各种工具，如选区、文本、绘图等工具。

　　（4）工具选项栏。用来设置工具的各种选项，它会随着所选工具的不同而变换设置选项。

　　（5）文档窗口。文档窗口是用于显示和编辑图像的区域。

　　（6）面板。可以帮助用户编辑图像，设置编辑内容，调整图像颜色等。

　　（7）状态栏。用来显示文档大小、文档标尺、当前工具和窗口缩放比例等信息。

　　（8）选项卡。打开多个图像时，只在窗口中显示一个图像，其他的则最小化到选项卡中，单击选项卡中各个文件名可显示相应的图像。

> 🐾 **小提示**
>
> 　　Photoshop CC 2019 操作界面有四种配色方案。操作时，单击"编辑"→"首选项"→"界面"命令，打开"首选项"对话框，如图 1-1-3 所示。用户可以根据自己的喜好选择合适的配色方案。

图 1-1-3　选择界面配色方案

任务实施

1. 选择工具

（1）启动 Photoshop CC 2019，进入操作界面。

（2）单击工具箱中的工具按钮，选择工具，如图 1-1-4 所示。

> **小提示**
>
> 　　如果工具箱中工具按钮右下方有三角形图标，表示这是一个工具组，单击鼠标左键不松或单击鼠标右键可以选择隐藏的工具。

图 1-1-4　选择工具

2. 排列工具按钮

　　单击工具箱左上角双箭头　　按钮，重新排列工具箱中的工具按钮，如图 1-1-5 所示。

> **小提示**
>
> 　　用户可以根据使用习惯，单击工具箱上的双箭头　　，使工具箱中的工具按钮按照双排排列或单排排列。

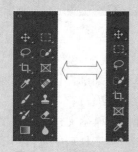

图 1-1-5　设置工具箱

3. 选择工作区

　　单击"窗口"→"工作区"→"摄影"命令，如图 1-1-6 所示，选择"摄影"工作区。

> **小提示**
>
> 　　Photoshop CC 2019提供了"基本功能""3D""图形和 Web""动感""绘画""摄影"等针对相应任务的工作区，用户可以根据不同的工作任务选择不同模式的工作区，显示相应的面板。

图 1-1-6　设置工作区

4. 折叠/展开面板

单击面板上方"折叠为图标"按钮 ，将展开的面板折叠为图标，如图 1-1-7 所示。

> **小提示**
>
> 同样的道理，单击"展开面板"按钮 ◀◀，又可以将面板展开。

5. 移动面板

（1）单击并拖动面板的标题栏，可将面板从面板组中分离出来，成为浮动面板。

（2）单击并拖动浮动面板至要组合的面板组，等面板组四周出现蓝色框时松开鼠标，则将面板移入面板组，如图 1-1-8 所示。

> **小提示**
>
> 单击面板右上角的下拉按钮 ≡，可以设置面板选项，关闭面板或面板组。

图 1-1-7　折叠面板

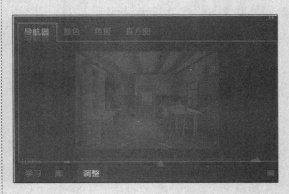

图 1-1-8　移动面板位置

任务拓展

1. 了解 Photoshop 的发展

1987 年秋，美国密歇根大学的博士研究生托马斯·洛尔（Thomas Knoll）编写了一个叫做 Display 的程序，用来在黑白位图显示器上显示灰阶图像。托马斯的哥哥约翰·洛尔（John Knoll）在一家影视特效公司工作，他让弟弟帮他编写一个处理数字图像的程序。于是托马斯重新修改了 Display 的代码，使其具备羽化、色彩调整和颜色校正功能，并可以读取各种格式的文件，并改名为 Photoshop。

洛尔兄弟最初把 Photoshop 交给一个扫描仪公司搭配卖，名字叫做 Barneyscan XP，版本是 0.87。后来，Adobe 公司买下了 Photoshop 的发行权，于 1990 年 2 月，Photoshop 版本 1.0.7 正式发行。虽然软件只有工具箱和少量的滤镜，但是它给计算机图像处理行业带来了巨大的冲击。

1991 年 6 月，Adobe 发布了 Photoshop 2.0，新增了路径功能，支持栅格化文件和 CMYK 颜色。最小分配内存也从 2 MB 增加到 4 MB，提高了软件运行的稳定性。1993 年，Adobe 开发了支持 Windows 操作系统的 Photoshop 2.5 版本。1994 年，Photoshop 3.0 正式发布，增加了图层功能。1997 年 9 月，Photoshop 4.0 版本发行，主要改进了用户界面，增加了动作、调整图层等功能。1998 年 5 月，Photoshop 5.0 发布，增加了"历史记录"面板、图层样式、撤销、垂直书写文字等功能。从 5.02 版本开始，Photoshop 为中国用户设计了中文版。1999 年发行 Photoshop 5.5，主要增加了支持 Web 功能和包含 ImageReady 2.0。2000 年 9 月，Photoshop 6.0 版发布，经过改进，Photoshop 与其他 Adobe 软件交换数据更为流畅，此外 Photoshop 6.0 引进了形状（Shape）这一新特性。2002 年 3 月，Photoshop 7.0 版发布，增加了数码图像的编辑功能。

2003 年 9 月，Adobe 公司将 Photoshop 与其他几款软件集成为 Adobe Creative Suite（CS）套装，这一版本称为 Photoshop CS，功能上增加了镜头模糊、镜头校正以及智能调节不同区域亮度的数码照片编辑功能。2005 年推出了 Photoshop CS2，增加了消失点、智能对象、污点修复画笔工具、红眼工具和 Bridge 等。2007 年推出了 Photoshop CS3，增加了智能滤镜、视频编辑和 3D 功能，对软件界面也进行了重新设计。2008 年 9 月发布了 Photoshop CS4，增加了旋转画布、绘制 3D 模型、CPU 显卡加速等功能。2010 年 4 月 Photoshop CS5 发布，两年之后，Photoshop CS6 发布。Adobe 公司早期发布的几个 Photoshop 版本的启动界面如图 1-1-9 所示。

图 1-1-9　Photoshop 早期版本启动界面

2013 年 7 月，Adobe 推出了 Photoshop CC（Creative Cloud），提供了云服务下的软件平台，用户可以将处理过的各图像存储在云端，改变了原来的工作模式。随后的每一年，Adobe 公司都以年份命名版本号发布新的版本，当前的最新版本为 Photoshop CC 2019。

2. Photoshop 的应用领域

Photoshop 是一款优秀的图像编辑软件，它的应用十分广泛，无论是平面设计、3D 动画、数码艺术、网页设计、矢量绘图、新媒体制作还是桌面排版，它都发挥着重要的作用。

（1）在平面设计中的应用。Photoshop 的出现引发了印刷业的技术革命，几乎成为图像处理领域的行业标准。在平面设计与制作的过程中，它已经完全渗透到平面广告（如图 1-1-10 所示）、包装、海报、书箱装帧、印刷、制版等各种应用中。

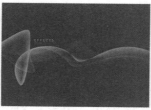

图 1-1-10　平面广告作品

（2）在界面设计中的应用。从以前的软件、游戏界面，到当前的手机、智能家电等操作界面的设计与制作，Photoshop 基本上都是首选制作软件之一。因为 Photoshop 软件的渐变、图层样式和滤镜等功能可以方便地制作较强的质感和特效，如图 1-1-11 所示。

图 1-1-11　界面设计作品

（3）在数码照片后期处理中的应用。Photoshop 可以完成从照片的扫描与输入、校色、图像修正，到分色输出等一系列专业的工作。无论是色彩与色调的调整、照片的校正或修复与润饰，还是图像的创造性合成，都可以使用 Photoshop 软件找到最佳的解决办法，如图 1-1-12 所示。

图 1-1-12　数码照片后期处理作品

（4）在插画设计中的应用。计算机艺术插画作为 IT 时代的先锋视觉表达艺术之一，其触角延伸到了网络、广告、杂志封面甚至服饰。插画已经成为新文化群体表达文化品味的一种方式，如图 1-1-13 所示。

图 1-1-13　插画设计作品

此外，在网页设计、3D 动画效果制作、动画设计等领域中也广泛应用 Photoshop 软件。

3. 了解位图与矢量图

计算机平面设计涉及两类文件：一类是位图；另外一类是矢量图。Photoshop 是典型的位图处理软件，但也包含矢量图形处理功能。

（1）位图。位图图像在技术上称为栅格图像。它是由像素点组成的，用 Photoshop 处理图像时，编辑的就是像素点。

当用 Photoshop 软件中的缩放工具将位图放大到 3200% 时，画面中会出现许多彩色的小方块，它们便是像素，如图 1-1-14 所示。使用数码相机、扫描仪获取的图像都属于位图。位图的特点是可以表现色彩的变化和颜色的细微过渡，效果逼真，但位图文件占用的存储空间比较大。

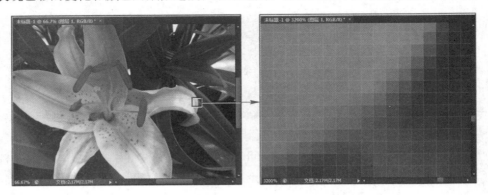

图 1-1-14　位图放大效果

（2）矢量图。矢量图是图形软件通过数学公式进行计算得到的图形，它与图像的分辨率没有直接的关系，因此，可以任意缩放、旋转等变换而不会影响图形的品质，如图 1-1-15 所示。矢量图的这一特征非常适用于制作图标、LOGO 等需要经常缩放的图形，或需要按照不同打印尺寸输出图像文件内容，矢量图文件占用的存储空间要比位图小得多，但是，矢量图不适合创建过于复杂的图形，其颜色的表现力不如位图丰富和细腻。

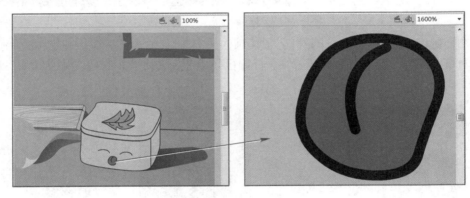

图 1-1-15　矢量图放大效果

思考练习

1．Photoshop 软件的文档窗口是（　　）的区域。
　　A．编辑文档　　　　　　　　　B．显示文档　　　　　　　　　C．编辑和显示图像
2．位图放大后，（　　）。
　　A．会影响图像的显示效果　　　B．不会影响图像的显示效果　　C．以上都不是
3．启动 Photoshop CC 2019，熟练操作界面的组件。

活动评价

在完成本次任务的过程中，我们认识了 Photoshop CC 2019，请对照表 1-1-1 进行评价与总结。

表 1-1-1 活动评价表

评 价 指 标	评 价 结 果	备 注
1．知道 Photoshop CC 2019 的基本功能	□A □B □C □D	
2．熟练操作 Photoshop CC 2019 界面的组件	□A □B □C □D	
3．知道 Photoshop 的发展过程	□A □B □C □D	
4．知道位图与矢量图的区别	□A □B □C □D	

综合评价：

说明：1．"评价结果"根据"评价指标"的掌握程度分为"A""B""C""D"4 个等级。

2．根据掌握的程度选择相应的等级。

3．在"备注"栏可以简要记录取得成绩的原因。

4．在"综合评价"栏可以简要记录自己本次活动的成功与不足之处（全书同，以下说明略）。

任务二　体验 Photoshop CC 2019
tiyan Photoshop CC 2019

 任务描述

Photoshop CC 2019 是集平面设计、3D 动画、数码艺术、矢量绘制等多种功能于一体的软件，其文件的打开、浏览、保存等操作是否有其特别之处？其文件类型又有哪些？

在本任务中，我们将熟练掌握 Photoshop CC 2019 文件的打开、浏览、保存等操作方法，为进一步深入学习打下基础。

 任务分析

Photoshop CC 2019 具备一般软件的基本特点，其文件的打开、浏览、保存等操作十分简单，完成本任务难度极小。

 任务准备

1. 了解文件格式

Photoshop 软件支持多种格式的图像文件输入与输出，为各种图像格式之间的转换提供了极大的方便。常用的文件格式有以下几种：

（1）PSD 和 PDD。PSD 和 PDD 格式是 Photoshop 软件的专用文件格式，能保存图层、通道、路径等信息，便于以后修改。缺点是文件较大。

（2）BMP。BMP 是微软公司绘图软件的专用文件格式，也是 Photoshop 最常用的位图文件格式之一，支持 RGB、索引和灰度等颜色模式，但不支持 Alpha 通道。

（3）EPS。EPS 是较广泛地被矢量绘图软件和排版软件所接受的文件格式。Photoshop 的 EPS 文件格式可保存路径，并可以在各软件间相互转换。若用户要将图像导入 CorelDRAW、Illustrator、PageMaker 等软件中，可将图像存储成 EPS 文件格式。这种格式不支持 Alpha 通道。

（4）JPG。JPG 是一种压缩率很高的图像文件存储格式，是一种有损压缩方式，支持 CMYK、RGB 和灰度等颜色模式，但不支持 Alpha 通道，也是目前网络可以支持的图像文件格式之一。

（5）TIF。TIF 格式文件的图像可以不影响图像品质的方式进行图像压缩，是一种应用十分广泛的图像文件，许多软件都支持 TIF 格式的图像文件，特别适用于传统的打印输出和印刷行业。

（6）GIF。GIF 是由 CompuServe 公司开发的图像文件格式，只能处理 256 种色彩，常用于网络传输，其传输速度要比传输其他格式的文件快。GIF 格式文件的特点是图像容量小，并且支持帧动画和透明区域，一般用来表现颜色简单、内容不复杂的图形和图像。

（7）PDF。PDF 是 Adobe 公司专为数字出版而开发的文件格式，是 Acrobat 的源文件格式，不支持 Alpha 通道。

（8）PNG。PNG 是 Netscape 公司针对网络图像开发的文件格式，这种格式可以使用无损压缩方式压缩图像文件，并利用 Alpha 通道制作透明背景，是功能强大的网络文件格式。

Photoshop 支持的文件格式如图 1-2-1 所示。

图 1-2-1　Photoshop 文件格式

2. 了解工具选项栏

工具选项栏用来设置工具的选项，其中的选项会随着所选工具的不同而改变，如图 1-2-2 所示。在工具选项栏中，有一些设置对于许多工具是通用的，但有些设置却专用于某个工具。

图 1-2-2　工具选项栏

选项的设置往往比工具本身更重要，因为它们决定了工具的用途、性能和使用方法。当用户选择一个工具后，在工具选项栏中就会出现选项、下拉列表、文本框或复选框等控件。单击下拉按钮，可以打开一个下拉列表；单击按下按钮时，可启用该功能，若需要取消该功能，再次单击已经按下的按钮即可；单击文本框，可以输入数值调整图像，若文本框右边有下拉按钮，可以显示一个弹出滑块，拖动滑块也可以调整数值。

> **小提示**
>
> 单击"窗口"→"选项"命令可以隐藏或显示工具选项栏；拖动工具选项栏左端的手柄，可以将其变为浮动工具选项栏；若要还原，可将工具选项栏拖回菜单栏下面，当出现蓝色边框时放开鼠标即可。

任务实施

1. 打开文件

（1）启动 Photoshop CC 2019，进入操作界面。

（2）单击"文件"→"打开"命令，打开"打开"对话框，如图1-2-3所示。

（3）在"打开"对话框中选择需要打开的文件。

（4）单击"打开"按钮，即可打开该文件。

 小提示

按〈Ctrl〉+〈O〉快捷键或双击窗口灰色区域也可以打开"打开"对话框。

图1-2-3　打开文件

2. 查看图像

（1）打开图像文件。

（2）单击工具箱中的"抓手工具"按钮。

（3）单击并移动"抓手工具"，查看图像，如图1-2-4所示。

小提示

在"抓手工具"工具选项栏中，可以单击"100%""适合屏幕""填充屏幕"等按钮，以不同方式查看图像。

图1-2-4　使用"抓手工具"查看图像

3. 保存文件

（1）单击"文件"→"存储"命令，打开"另存为"对话框，如图1-2-5所示。

（2）在"文件名"文本框中输入文件名。

（3）在"格式"下拉列表框中选择文件格式。

（4）单击"保存"按钮，保存文件。

小提示

保存新文件，按〈Ctrl〉+〈S〉快捷键，可以打开"另存为"对话框；保存经过修改的现有文件，按〈Ctrl〉+〈S〉快捷键保存修改结果。

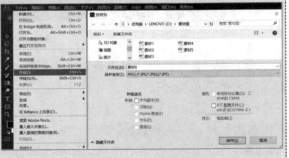

图1-2-5　保存文件

 任务拓展

1. 了解在不同的屏幕模式下查看图像

右击工具箱底部的"更改屏幕模式"按钮，可以显示一组用于切换屏幕模式的按钮，包括

"标准屏幕模式"按钮、"带有菜单栏的全屏模式"按钮和"全屏模式"按钮。

（1）标准屏幕模式。默认的屏幕模式，可以显示菜单栏、标题栏、滚动条和其他屏幕元素等，如图 1-2-6 所示。

图 1-2-6　标准屏幕模式

（2）带有菜单栏的全屏模式。可以显示菜单和背景，但是全屏窗口中无标题栏和滚动条，如图 1-2-7 所示。

图 1-2-7　带菜单栏的全屏模式

（3）全屏模式。只显示黑色背景，但是全屏窗口中无标题栏、菜单栏和滚动条，如图 1-2-8 所示。

图 1-2-8　全屏模式

2. 用"导航器"面板查看图像

"导航器"面板中包含图像的缩略图和各种窗口缩放工具，如图 1-2-9 所示。如果文件尺寸较大，画面中不能显示完整图像，通过该面板定位图像的查看区域更加方便。

图 1-2-9　导航器面板

（1）通过按钮缩放图像。单击"放大"按钮可以放大图像的显示比例。单击"缩小"按钮可以缩小图像的显示比例。

（2）通过缩放滑块缩放图像。拖动缩放滑块可放大或缩小图像。

（3）通过数值缩放图像。缩放文本框中显示了图像的显示比例，在文本框中输入数值即可按照设定的比例缩放图像，如图 1-2-10 所示。

图 1-2-10　输入数值查看图像

（4）移动画面。当窗口中不能显示完整的图像时，将光标移动到显示框中，光标会变为手形，拖动鼠标可以移动显示框，显示框内的图像会位于文档窗口的中心，如图 1-2-11 所示。

图 1-2-11　移动显示框查看图像

小提示

执行"导航器"面板菜单中的"面板选项"命令，可在打开的对话框中修改显示框的颜色；使用除缩放、抓手以外的其他工具时，按住〈Alt〉键并滚动鼠标中间的滚轮也可以缩放图像。

3.　在多个窗口中查看图像

如果同时打开了多个图像文件，可以单击"窗口"→"排列"命令下的命令控制各文档窗口的排列方式，如图 1-2-12 所示。在"排列"菜单下一共分为 3 组命令，可以让文档窗口以不同的样式平铺，各个命令前面的图标显示了排列效果。其中"将所有内容合并到选项卡中"是指有浮动窗口时，将浮动窗口改为选项卡形式。中间一组命令可以让文档窗口浮动。最下面的一组命令可以让各个文档窗口按视图比例、显示位置、角度等匹配。

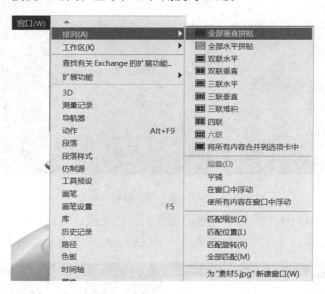

图 1-2-12　排列命令

（1）层叠。从屏幕的左上角到右下角以层叠的方式显示文档窗口，如图 1-2-13 所示。

图 1-2-13　层叠排列文档窗口

（2）平铺。以边靠边的方式显示窗口，如图 1-2-14 所示。关闭一个图像时，其他窗口会自动调整大小，以填满可用的空间。

图 1-2-14　平铺窗口

（3）在窗口中浮动。允许图像自动浮动，也可拖动标题移动窗口，如图 1-2-15 所示。

图 1-2-15　浮动窗口

（4）使所有内容在窗口中浮动。使所有文档窗口都浮动，如图 1-2-16 所示。

（5）将所有文档合并到选项卡中。如果想恢复为默认的视图状态，即全屏显示一个图像，其他图像最小化到选项卡中，也可以单击"窗口"→"排列"→"将所有内容合并到选项卡中"命令。

图 1-2-16　使所有文档在窗口中浮动

（6）匹配缩放。将所有窗口都按与当前窗口相同比例的缩放。比如，当前窗口缩放比例为 50%，另外一个窗口缩放比例为 100%，执行该命令后，该窗口的显示比例也会调整为 50%，如图 1-2-17 所示。

图 1-2-17　匹配缩放

（7）匹配位置。将所有窗口中图像的显示位置都匹配为与当前窗口相同，如图 1-2-18 所示。

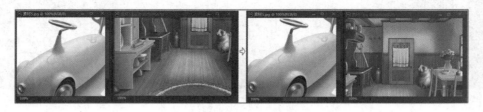

图 1-2-18　匹配图像窗口的位置

（8）匹配旋转。将所有窗口的画布旋转角度都匹配为与当前窗口相同。

（9）全部匹配。将所有窗口的绽放比例、图像显示位置、画布旋转角度与当前窗口匹配。

（10）为（文件名）新建窗口。为当前文档新建一个窗口，新窗口的名称会显示在"窗口"菜单的底部。

小提示
　　打开多个文件后，可在"窗口"→"排列"菜单中选择"全部垂直拼贴""全部水平拼贴""双联""三联"等方式排列图像文件窗口。

4. 了解缩放工具

　　在处理图像的过程中，若需要放大或缩小图像，可以单击工具箱中的"缩放工具"按钮，在工具选项栏中选择"放大" 🔍 或"缩小" 🔍 按钮，然后单击图像，即可实现放大或缩小操作，如图 1-2-19 所示。

图 1-2-19　缩放工具

　　（1）放大 / 缩小。单击"放大"按钮 🔍 后，单击窗口中的图像可以放大图像；单击"缩小"按钮 🔍 后，单击窗口中的图像可以缩小图像。

　　（2）缩放窗口。缩放图像大小时，选择"缩放窗口"复选按钮 🔲 ，其窗口大小也随图像大小而调整。

　　（3）缩放所有文档。缩放图像时，若单击"缩放所有窗口"按钮 🔲 ，在缩放某一个图像大小时，其他文档窗口中的图像按照相同的比例缩放。

　　（4）细微缩放。缩放图像时，若单击"细微缩放"按钮 🔍 ，在文档窗口中单击并向左侧或右侧拖曳鼠标，能够以平滑的方式快速缩小或放大窗口；若取消选择，在画面中单击并拖曳鼠标后，矩形选框内的图像会放大至整个窗口。按住〈Alt〉键操作可以缩小矩形选框内的图像。

　　（5）100%。单击"100%"按钮，可以将当前文档窗口中的图像以 100% 显示。

　　（6）适合屏幕。选择该选项，可以在窗口中最大化显示完整的图像，也可以双击工具箱中的"抓手工具" ✋ 完成同样的操作。

　　（7）填充屏幕。选择该选项，可在整个屏幕范围内最大化显示完整图像。

5. 了解抓手工具

　　在处理图像的过程中，当图像尺寸比较大或放大图像显示比例后不能显示全部图像时，可以使用"抓手工具" 🖐 移动图像，查看图像的不同区域，该工具也可以用于缩放图像，如图1-2-20所示。

图1-2-20 "抓手工具"选项栏

滚动所有窗口。使用"抓手工具"时，如果同时打开了多个图像文件，选择"滚动所有窗口"选项后，移动图像的操作将用于所有不能完整显示的图像。

> **小提示**
>
> "抓手工具"的其他选项与"缩放工具"相同，在此不再赘述。使用"抓手工具"还可以快速显示放大图像的中心位置并显示该位置。操作时，按住〈H〉键，单击鼠标不松，在图像中心位置出现一个黑色的矩形选框，松开〈H〉键，矩形选框内的图像出现在窗口中央，如图1-2-21所示。"抓手工具"还可以分别配合〈Ctrl〉、〈Alt〉键，匀速放大或缩小图像。

(a) 放大的图　　　　　(b) 显示黑色矩形选框　　　　(c) 显示黑色矩形选框内图像

图1-2-21 "抓手工具"应用技巧

6. 了解"旋转视图工具"

在处理图像的过程中，可以使用"旋转视图工具"旋转画布，使用户就像在纸上绘图一样。操作时，单击工具箱中的"旋转视图工具"按钮，单击图像并按住鼠标左键，窗口中央会出现一个罗盘，红色的指针指向北方，拖动即可旋转画布，如图1-2-22所示。

图1-2-22 旋转画布

（1）旋转角度。若用户需要精确旋转画布，可以在工具选项栏的"旋转角度"文本框中输入角度值。

（2）旋转所有窗口。选择该选项，在旋转某一个图像文件的画布时，可以旋转已经打开的其他图像文件的画布。

（3）复位视图。单击"复位视图"按钮，可以还原图像原来的视图。

7. 了解"存储为"命令

在处理图像的过程中，如果要将文件保存为其他的名称、格式或存储到其他位置，单击"文件"→"存储为"命令，在打开的"另存为"对话框中另存文件，如图 1-2-23 所示。

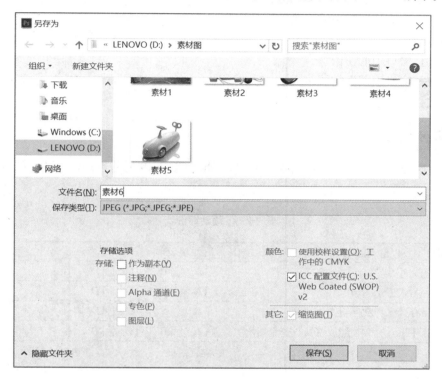

图 1-2-23 "另存为"对话框

（1）文件名 / 保存类型。在"文件名"文本框中输入文件名，在"保存类型"下拉列表框中选择图像的保存格式。

（2）作为副本。选择该选项后，可另存一个文件副本，副本文件与源文件存储在同一位置。

（3）注释 /Alpha 通道 / 专色 / 图层。选择是否存储注释、Alpha 通道、专色、图层。

（4）使用校样设置。将文件的保存格式设置为 EPS 或 PDF 时，该选项可用，选择该选项可以保存打印用的校样设置。

（5）ICC 配置文件。选择该选项后，可保存嵌入在文档中的 ICC 配置文件。

（6）缩览图。为图像创建缩览图，此后在"打开"对话框中选择一个图像时，对话框底部会显示此图像的缩览图。

思考练习

1. 在 Photoshop 中，使用"缩放工具"缩放图像操作，其图像（　　）。

　　A．本身进行了缩放，显示也进行了缩放

　　B．本身没了缩放，显示进行了缩放

C．本身进行了缩放，显示没有进行缩放

2．在 Photoshop 中，使用"抓手工具"可以改变（　　）。

    A．图像在文档窗口中的位置

    B．图像在文档窗口中的显示位置

    C．图像在文档窗口中的位置和显示位置

3．在 Photoshop 中，使用"缩放工具"可以缩放（　　）。

    A．文档窗口中的图像

    B．文档窗口中图像的显示大小

    C．文档窗口图像的大小和图像显示大小

 活动评价

在完成本次任务的过程中，我们体验了 Photoshop CC 2019 的基本操作，请对照表 1-2-1 进行评价与总结。

表 1-2-1　活动评价表

评　价　指　标	评　价　结　果	备　注
1．能够打开图像文件	□A □B □C □D	
2．能够使用多种方式显示图像	□A □B □C □D	
3．能够将文件保存为多种文件格式	□A □B □C □D	
4．能够使用"抓手工具"和"缩放工具"查看图像	□A □B □C □D	
综合评价：		

项目二 设计与制作卡片

SECTION 2
sheji yu zhizuo kapian

卡片是人们传递信息的重要工具之一。早在我国西汉时期就有一种称为"谒"的木制卡片，长 22.5 cm，宽 7 cm，上面刻有拜访者的名字、籍贯和官职等信息，与今名片相似。

进入信息时代，卡片作为传递信息的载体，在种类、形式和功能上都发生了巨大的变化。我们日常生活、学习和工作中常见的名片、请柬、校园卡、会员卡、贺卡、银行卡等，不仅带来便捷也带来了美。卡片的设计与制作已经成为现代平面设计领域中一个重要的分支，呈现出巨大的市场潜力与商机。

本项目我们将利用 Photoshop CC 2019，设计和制作名片、会员卡、贺卡和明信片等常见的卡片，以掌握 Photoshop CC 2019 基本操作技能。

项目目标

1. 熟练建立文件。
2. 掌握选区的操作。
3. 运用图层样式。
4. 熟练运用"画笔工具"和"油漆桶工具"。

项目分解

◎ **任务一** 设计与制作名片
◎ **任务二** 设计与制作会员卡
◎ **任务三** 设计与制作贺卡
◎ **任务四** 设计与制作明信片

任务一　设计与制作名片

sheji yu zhizuo mingpian

 任务描述

　　名片是标识姓名及其所属组织、职位和联系方法的卡片。递送名片是新朋友互相认识、自我介绍最快且最有效的方法。交换名片是商业交往的第一个标准动作，名片一直是一种重要的信息交流工具。随着计算机技术的迅猛发展，名片的设计与制作更加精巧、富有创意。在本任务中，我们将利用 Photoshop CC 2019 的基本功能，设计制作一张名片，其效果如图 2-1-1 所示。

图 2-1-1　名片效果图

 任务分析

　　名片主要是由图形和文字等信息元素组成。从排版方式上看，有横式名片、竖式名片、折卡名片三类，横式名片大小一般为 55 mm×90 mm，竖式名片尺寸一般为 90 mm×55 mm，折卡名片尺寸一般为 95 mm×90 mm。本任务中的名片是一位房地产置业顾问的名片，名片中有单位的LOGO，主人的姓名、职务、单位和相关的联系信息，均以文字呈现，制作难度较低。

 任务准备

1. 了解新建文件

　　在 Photoshop 软件中，我们不仅可以编辑一幅现有的图像，还可以创建一个全新的空白文件，然后在文件操作窗口中绘制图形和编辑图像。操作时，单击"文件"→"新建"命令或按下〈Ctrl〉+〈N〉快捷键，打开"新建文档"对话框，如图 2-1-2 所示。在"新建文档"对话框中有 8 个选项卡，包括"最近使用项""已保存""照片""打印""图稿和插图""Web""移动设备""胶片和视频"，基本涵盖了各种设计工作所需要的文件项目。

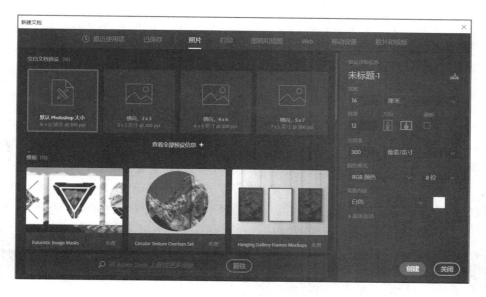

图 2-1-2 "新建文档"对话框

要创建哪种类型的文件，选择相应的选项卡，然后在其下方选择一个预设模板，单击"创建"按钮，即可基于预设创建一个文件。当然，我们可以修改"预设详细信息"选项组中的图像尺寸、分辨率、颜色模式和背景内容等选项。单击"创建"按钮，即可创建一个空白文件，如图 2-1-3 所示。

图 2-1-3 空白文件

（1）名称。在该文本框中可输入文件的名称，也可以使用默认的文件名"未标题-1"。创建文件后，文件名会显示在文档窗口的标题栏中。保存文件时，文件名会自动显示在存储文件对话框中。

（2）宽度/高度。在"宽度"和"高度"文本框中输入数字确定新建图像的尺寸之前，一般需要先在"单位"下拉列表框中选择一种单位，如像素、英寸、厘米、毫米、点、派卡等。

（3）方向。单击"纵向"或"横向"按钮，可以指定文档页面为纵向或横向，操作时，对调"宽度"和"高度"数值。

（4）画板。选取该选项后，可以创建画板。

（5）分辨率。根据新建图像的不同用途，先在其右侧选择单位，然后在"分辨率"文本框中输入分辨率大小，如需要打印输出，分辨率一般不低于"300 像素 / 英寸"。

（6）颜色模式。根据图像的用途，可以选择颜色的模式和位深度。

（7）背景内容。在"背景内容"下拉列表框中可以选择"白色""黑色""背景色""透明""自定义"等选项。"白色"为默认颜色，选择"白色"，文档背景就是白色；若选择"黑色"选项，图像背景就是黑色，如图 2-1-4 所示；"背景色"是指使用工具箱中的背景色作为文档"背景"图层的颜色；"透明"是指创建透明背景，如图 2-1-5 所示；选择"自定义"选项，可以在弹出的"拾色器（新建文档背景颜色）"对话框中选择需要的颜色作为背景色，如图 2-1-6 所示。

图 2-1-4　黑色背景

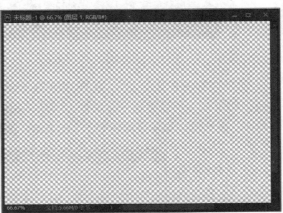

图 2-1-5　透明背景

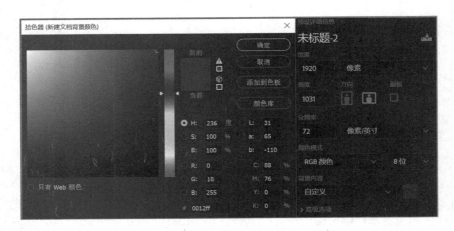

图 2-1-6　自定义背景颜色

（8）高级选项。单击"高级选项"按钮，可以显示对话框中隐藏的选项，即"颜色配置文件"和"像素长宽比"。在"颜色配置文件"下拉列表框中可以为文件选择一个颜色配置文件；在"像素长宽比"下拉列表框中可以选择像素的长宽比。计算机显示器上的图像由方形像素组成，除非用于视频的图像，否则都应选择"方形像素"，选择其他选项可以使用非方形像素。

2. 认识前景色与背景色

Photoshop 工具箱底部有一组前景色和背景色设置按钮，如图 2-1-7 所示。前景色决定了使用绘画工具（如"画笔工具"）绘制线条颜色，以及使用文字工具创建的文本颜色。背景色则决定使用"橡皮擦工具"擦除图像时，被擦除区域呈现的颜色。

在默认情况下，前景色为黑色，背景色为白色。单击"设置前景色"或"设置背景色"按钮，可以打开"拾色器（前景色）"对话框，如图 2-1-8 所示，在该对话框中即可修改颜色。

设置前景色 —— 切换前景色和背景色
默认前景色和背景色 —— 设置背景色

图 2-1-7　前景色和背景　　　　　　　　图 2-1-8　"拾色器（前景色）"对话框

 任务实施

1. 制作背景

（1）启动 Photoshop CC 2019，进入操作界面。

（2）单击"文件"→"新建"命令。

（3）在"新建文档"对话框的"名称"文本框中输入"名片"。

（4）在"宽度"和"高度"文本框中分别输入"90"和"55"，单位选择"毫米"。

（5）在"分辨率"文本框中输入"300"，单位选择"像素/英寸"。

（6）在"颜色模式"下拉列表框中选择"CMYK颜色"，如图 2-1-9 所示。

（7）单击"创建"按钮。

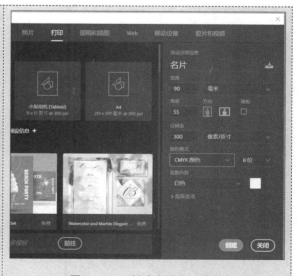

图 2-1-9　"新建文档"对话框

（8）单击工具箱中的"设置前景色"按钮。

（9）在"拾色器（前景色）"对话框中，选择绿色或在颜色值栏中输入"0f773c"，如图2-1-10所示。

（10）单击"确定"按钮。

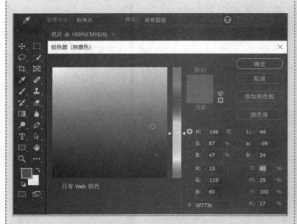

图 2-1-10　设置前景色

（11）单击工具箱中的"油漆桶工具"按钮。

（12）移动鼠标指针到文档窗口。

（13）单击图像，填充效果如图2-1-11所示。

图 2-1-11　填充颜色

（14）单击工具箱中的"矩形选框工具"按钮。

（15）在文档窗口左上端单击并拖动鼠标到右下端，形成一个矩形选框。

（16）按〈Delete〉键，在弹出的"填充"对话框的"内容"下拉列表框中选择"背景色"，如图2-1-12所示。

（17）单击"确定"按钮，删除选区内容。

（18）按〈Ctrl〉+〈D〉键取消选区。

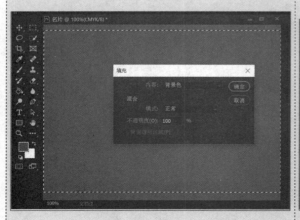

图 2-1-12　删除选区内容

2．添加文字

（1）单击工具箱中的"横排文字工具"按钮。

（2）在工具选项栏的"字体"下拉列表框中选择"方正综艺简体"。

（3）在"字号"文本框中输入"18点"。

（4）在"消除锯齿"下拉列表框中选择"平滑"。

（5）单击图像编辑区，输入文本"王倩倩"（输入后按回车键），如图2-1-13所示。

图 2-1-13　输入文本

SECTION 2

（6）单击图像编辑区，输入"美邦地产北京有限责任公司"等文本。

（7）拖动鼠标选中刚输入的文字。

（8）在工具选项栏的"字号"文本框中输入"10点"。

（9）单击"文本颜色"按钮。

（10）在"拾色器（文本颜色）"对话框中选取蓝色（2e3080），如图 2-1-14 所示。

（11）单击"确定"按钮。

（12）单击图像编辑区，输入"置业顾问"等文本。

（13）在工具选项栏的"字号"文本框中输入"8点"。

（14）移动文本到合适的位置，如图 2-1-15 所示。

图 2-1-14　设置文本颜色

图 2-1-15　输入职务

（15）单击工具箱"文字工具"按钮。

（16）单击图像操作区，并拖动一个文本框，在文本框内输入单位地址、联系方式等信息。

（17）在"字号"文本框中输入"6点"。

（18）在"消除锯齿"下拉列表框中选择"浑厚"。

（19）单击"左对齐文本"按钮，如图 2-1-16 所示。

3. 置入标志

（1）单击"文件"→"置入嵌入对象"命令。

（2）在"置入嵌入的对象"对话框中选择"标志.TIF"图像文件。

（3）单击"置入"按钮，置入文件，如图 2-1-17。

图 2-1-16　输入单位地址和联系方式

图 2-1-17　选择置入对象

（4）移动控制点，缩放置入的对象。

（5）移动所置入图像的位置。

（6）单击工具箱中的其他工具，置入对象，如图 2-1-18 所示。

小提示

对 Photoshop 的操作比较熟练后，在（1）、（2）两步可以直接按 Enter 键即可完成操作。

4. 保存文件

（1）单击"文件"→"存储"命令。

（2）选取保存文件路径（文件夹）。

（3）在"文件名"文本框中输入保存文件名，如"名片"。

（4）在"保存类型"下拉列表框中选择"*.PSD"。

（5）单击"保存"按钮，如图 2-1-19 所示。

小提示

至此，一张名片的正面设计和制作已经完成。名片的背面内容设计一般比较简单，多数都是文字介绍，请读者自己尝试完成。

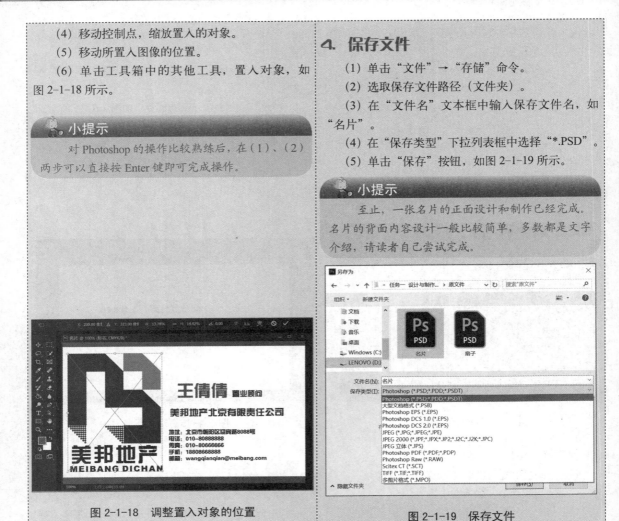

图 2-1-18　调整置入对象的位置　　图 2-1-19　保存文件

 **任务拓展**

1. 认识文字工具选项栏

文字是设计作品的重要组成部分，它不仅可以传达信息，还能起到美化版面、强化主题的作用。Photoshop 提供了"横排文字工具"和"直排文字工具"，用来创建点文字、段落文字和路径文字；还提供了"直排文字蒙版工具"和"横排文字蒙版工具"，用来创建文字形状选区。在输入文字前，需要单击工具箱中的文字工具，然后设置工具选项栏，包括字体、字号和文字颜色等，如图 2-1-20 所示。

图 2-1-20 文字工具选项栏

（1）切换文本取向 。如果当前文字为横排文字，单击工具栏中的"切换文本取向"按钮，可将其转换为直排文字，反之亦然。

（2）设置字体。在该选项下拉列表中可以选择字体。

（3）设置文字字号。单击文字字号下拉列表，选取文字字号，或者直接在文本框中输入数值来设置文字字号。

（4）消除锯齿。输入的文字，特别是字号设置较大时，其边缘就会产生锯齿，选择其中的一种方法（如"锐利"），Photoshop 软件会通过部分填充边缘像素来产生边缘平滑的文字，使文字的边缘混合到背景中而看不到锯齿。

> **小提示**
>
> Photoshop 中的文字是使用 PostScript 信息从数学上定义的直线或曲线来表示的，如果没有设置消除锯齿，文字的边缘便会产生硬边的锯齿。设置消除锯齿时，选择"无"表示不进行消除锯齿处理；选择"锐利"可轻微使用消除锯齿，文本的效果显得锐利；选择"犀利"可轻微消除锯齿，文本的效果显得稍微锐利；选择"浑厚"可大量使用消除锯齿，文本的效果显得更粗重；选择"平滑"可大量使用消除锯齿，文本的效果显得更平滑。

（5）对齐文本。根据输入文字时鼠标单击点的位置来对齐文本，包括"左对齐文本"、"居中对齐文本"和"右对齐文本"。

（6）设置文本颜色。单击颜色块，可以打开"拾色器（文本颜色）"对话框，设置文字的颜色。

（7）创建文字变形。单击该按钮，可在打开的"变形文字"对话框中为文本添加变形样式，创建变形文字，如图 2-1-21 所示。

图 2-1-21 设置变形文字

（8）切换"字符"和"段落"面板。单击该按钮，可以显示或隐藏"字符"和"段落"面板，如图 2-1-22 所示。

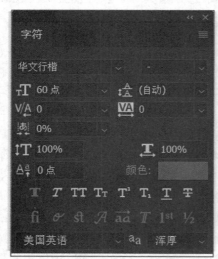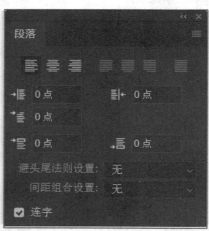

图 2-1-22 "字符"和"段落"面板

> **小提示**
>
> Photoshop 中的文字蒙版工具用于创建文字形状选区。单击工具箱中一个文字蒙版工具按钮，在图像上单击鼠标，输入文字即可创建文字选区。文字选区可以像其他选区一样移动、复制、填充或者描边，如图 2-1-23 所示。

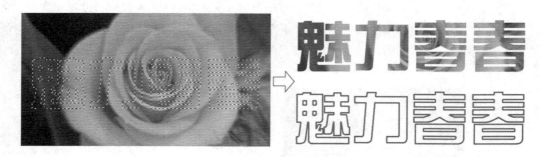

图 2-1-23 用文字蒙版工具制作的文字效果

2. 给扇子添加文字

汉字不仅仅是信息传递的一种工具，也是一种艺术的表现形式。比如，中国的书法艺术，就是炎黄子孙值得传承与发扬的艺术瑰宝。利用 Photoshop 为扇面添加文字，让古老的书法艺术得以体现。

（1）按〈Ctrl〉+〈N〉键，创建新文件。

（2）在"宽度"和"高度"文本框中分别输入"1024"和"825"，单位选择"像素"。

（3）在"颜色模式"下拉列表框中选择"RGB 颜色"选项。

（4）在"分辨率"文本框中输入"72"，单位选择"像素/英寸"。

（5）单击"创建"按钮，新建文件，如图 2-1-24 所示。

（6）单击"文件"→"置入嵌入对象"命令。

（7）在"置入嵌入对象"对话框中选取"素材 1"文件。

（8）调整图像位置与大小。

（9）单击工具箱中的"横排文字工具"按钮。

（10）在工具选项栏的"字体"下拉列表框中选择"草檀斋毛泽东字体"，在"字号"文本框中输入"200 点"，在"消除锯齿"下拉列表框中选择"浑厚"。

（11）单击图像，输入"福禄寿"三个字，如图 2-1-25 所示。

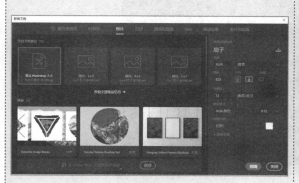

图 2-1-24　新建文件

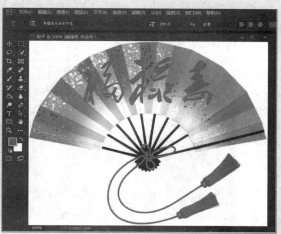

图 2-1-25　输入文字

（12）单击工具选项栏中的"创建文字形状"按钮。

（13）在"变形文字"对话框"样式"下拉列表框中选择"扇形"。

（14）在"弯曲"文本框中输入"+50"。

（15）在"垂直扭曲"文本框中输入"-5"，如图 2-1-26 所示。

（16）单击"确定"按钮。

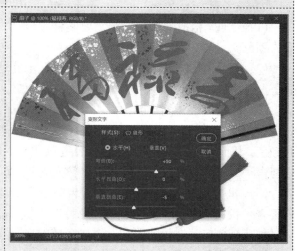

图 2-1-26　"变形文字"对话框

3. 了解拾色器

在 Photoshop 中，"拾色器"是基于 HSB（色相、饱和度、亮度）、RGB（红色、绿色、蓝色）、Lab、CMYK（青色、洋红、黄色、黑色）等颜色模式指定颜色设置的工具。用户可以根据需要，在"拾色器（前景色）"对话框中设置颜色，如图 2-1-27 所示。

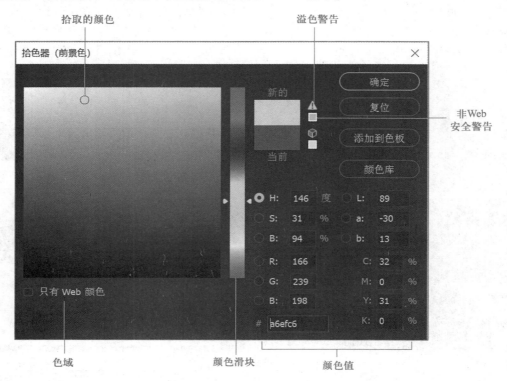

图 2-1-27　"拾色器（前景色）"对话框

（1）色域 / 拾取的颜色。当需要某种颜色时，在"色域"中单击鼠标即可获取或改变当前拾取的颜色。

（2）新的 / 当前。"新的"颜色块中显示的是最近一次选择的颜色，"当前"颜色块中显示的是上一次使用的颜色。

（3）颜色滑块。拖动颜色滑块可以调整颜色的范围。

（4）溢色警告。由于 RGB、HSB 和 Lab 颜色模式中的一些颜色在 CMYK 模式中没有相同的颜色，从而无法准确打印，这些无法打印出来的颜色就称为"溢色"。出现该警告以后，单击"溢色警告"按钮下方色块，即可将颜色替换为 CMYK 色域中与其最接近的颜色，如图 2-1-28 所示。

（5）非 Web 安全色警告。表示当前设置的颜色不能在网上准确显示，单击"非 Web 安全色警告"按钮下方色块，即可将颜色替换为与其最接近的 Web 安全颜色。

（6）颜色值。在拾色器中，在颜色值的各个文本框显示当前设置的颜色值。用户可输入颜色值来精确定义颜色。在 CMYK 颜色模式中，可以用青色、洋红、黄色和黑色的百分比来指定每个分量的值；在 RGB 颜色模式中，可以指定 0 ～ 255 之间的分量值（0 是黑色，255 是白色）；在 HSB 颜色模式中，可通过百分比来指定饱和度和亮度，以 0 ～ 360° 之间的角度（对应于色轮上的位置）指定色相；在 Lab 颜色模式中，可以输入 0 ～ 100 之间的亮度值（L）以及 –128 ～ +127 之间的 A 值（绿色到洋红）和 B 值（蓝色至黄色）；在 "#" 文本框中可以输入十六进制的颜色代码。

（7）只有 Web 颜色。表示在色域中显示 Web 安全色。

（8）添加到色板。单击该按钮，可以将当前设置的颜色添加到 "色板" 面板，如图 2-1-29 所示。

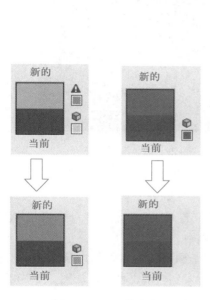

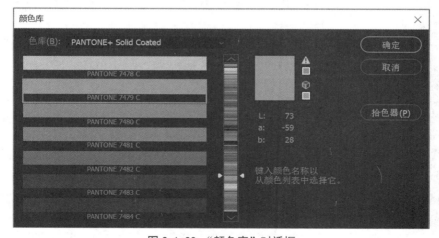

图 2-1-28　调整溢色　　　　　　　　　　　图 2-1-29　"色板" 面板

（9）颜色库。单击该按钮，可以切换到 "颜色库" 对话框，如图 2-1-30 所示。在 "色库" 下拉列表框中选择一种颜色系统，然后在颜色列表中单击需要的颜色，可将其设置为当前颜色。

图 2-1-30　"颜色库" 对话框

4. 了解"颜色"面板

"颜色"面板类似于用美术调色的方式来混合颜色。单击"窗口"→"颜色"命令，打开"颜色"面板，如图 2-1-31 所示。如果要编辑前景色，单击前景色色块，选择颜色或在颜色值文本框中输入数值，即可设置前景色，如图 2-1-32 所示。

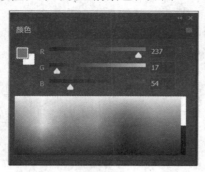

图 2-1-31 "颜色"面板

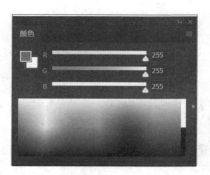

图 2-1-32 设置前景色

5. 了解置入文件

当用户打开或新建一个文档后，可以单击"文件"→"置入嵌入对象"命令，将照片、图片以及 EPS、AI 等矢量文件作为智能对象置入 Photoshop 文档中。

操作时，单击"文件"→"置入嵌入对象"命令，打开"置入嵌入的对象"对话框，如图 2-1-33 所示，选择需要置入的文件，单击"置入"按钮，将文件置入到当前文档中，如图 2-1-34 所示，拖动编辑点，调整置入对象的位置，按回车键确认置入。

图 2-1-33 置入文件

图 2-1-34　调整置入对象

6. 认识名片

（1）名片的发展。早在战国时期，诸侯王之间相互拜见时，为便于通报拜访者的信息，就采用一种叫"谒"的形式，即拜访者把自己的姓名和其他介绍写在竹片或木片上，呈给被拜访者，这样就产生了我国最早的名片。进入东汉末期，"谒"又被改称为"刺"。唐宋时期，木简名刺改为名纸。到了明代，则出现了"名帖"。直至清代晚期才正式有"名片"的称呼。清朝的名片开始向小型化发展，如图 2-1-35 所示。

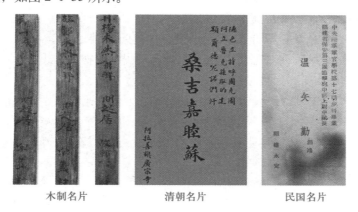

木制名片　　　　清朝名片　　　　民国名片

图 2-1-35　过去的名片

现代社会，名片成为社交的主要工具之一。从用途上看，有商业名片、公用名片、个人名片三类；从名片材质和印刷方式上看，有数码名片、胶印名片、特种名片三类；从印刷色彩上看，有单色、双色、彩色、真彩色四类；从排版方式上看，有横式名片、竖式名片、折卡名片三类（如图 2-1-36 所示）。

横式名片　　　　　　　　　　　　竖式名片　　　　　　折卡名片

图 2-1-36　不同排版方式的名片

（2）名片的制作流程。名片制作看似简单，其实需要若干道工序。一般来说，设计制作一张名片需要经过 8 道工序，如图 2-1-37 所示。

图 2-1-37　名片的制作流程

① 选择印刷方式。确定了名片的印刷方式，才能决定使用哪种名片材质和交货周期的长短，同时也影响着名片的印刷价格。

② 分析印刷难度。印刷难易主要取决于名片上颜色的多少，也是确定名片价格的重要指标之一。当然也要考虑名片是否采取单面印刷还是双面印刷。

③ 确定名片内容。名片上的信息主要由文字、图片（图案）构成，一般应该简洁明了。因此，名片上的信息筛选，往往需要由设计人员引导客户对信息进行取舍。

④ 名片设计。名片设计一般是由设计人员根据客户提出的初步构想进行再设计，需要与客户进行较好的沟通、交流和修改后才能完成。

⑤ 排版校对。名片的排版校对环节需要细心和耐心。一般来说，设计稿得到客户认可后，打印草稿进行细心校对，然后给交客户再次校对并确认后，方可进入下一个流程。

⑥ 印刷。在印刷的过程中，要注意印刷质量，比如，颜色是否正确，内容的呈现方式是否与原稿一样，等等，都是必须注意的细节。

⑦ 后期加工。后期加工主要是对印刷出来的名片进行过塑、模切、烫金、装盒等工序。

⑧ 交货。名片做好后，要按双方开始的约定如期交到客户手中，才算完成整个名片制作的任务。

思考练习

1. 在"新建文档"对话框中设置新建图像大小时，一般（　　　）。

　　A. 先输入数字再选择单位　　　　B. 先选择单位后输入数字　　　C. 都一样

2．通过"置入嵌入对象"命令置入图像文件到文档窗口，（　　）。

　　A．只能移动位置，不能改变大小

　　B．既能移动位置，又能改变大小

　　C．以上都不正确

3．使用 Photoshop 工具箱中的选框、文字等工具，给自己制作一张名片。

 活动评价

在完成本次任务的过程中，我们学会了使用 Photoshop 设计与制作名片，请对照表 2-1-1 进行评价与总结。

表 2-1-1　活动评价表

评 价 指 标	评 价 结 果	备 注
1．能够在"新建"对话框中正确设置各参数	□A □B □C □D	
2．能够根据需要置入文件	□A □B □C □D	
3．能够熟练设置前景色和背景色	□A □B □C □D	
4．能够设计与制作一张名片	□A □B □C □D	

综合评价：

任务二　设计与制作会员卡
sheji yu zhizuo huiyuanka

任务描述

　　会员卡是现代企业推行会员制服务管理模式的产物。许多企业为了保持长期稳定客户群，通过发展会员客户，为他们提供优于一般顾客的差别化服务和精准的营销，来吸引新顾客，留住老顾客，提高顾客忠诚度。会员卡就是这种营销模式下会员进行消费时享受优惠政策或特殊待遇的"身份证"。

　　会员卡类型一般有普通印刷卡、磁卡、IC 卡、ID 卡等，其中普通印刷卡是最容易管理的会员卡，不需要任何其他的设备支持就可以应用。

　　就企业而言，会员卡也是企业展示自身形象的名片。所以企业发行的会员卡一般都印有企业的标志或者图案，把它作为公司广告宣传的理想载体，因此对会员卡的设计与制作都比较讲究。

　　在本任务中，我们利用 Photoshop CC 2019，设计、制作一张"登途自行车俱乐部"的普通会员卡，其效果如图 2-2-1 所示。

图 2-2-1　会员卡效果图

任务分析

　　会员卡的正面一般由卡的名称、企业标志、编号和反映内容的主题图案等主要信息元素组成，背面一般呈现本卡的消费规则和企业的服务范围等文字信息。会员卡的标准规格：85.5 mm × 54 mm × 0.76 mm，跟常见的银行卡差不多，版面可按顾客要求个性化设计，卡身可附封加磁条、条码、签名条等。本卡只要求设计卡面，提供了企业图标和主题图等素材，制作难度较低。

任务准备

1. 认识图层

　　图层是 Photoshop 最核心的功能之一，Photoshop 的所有编辑功能几乎都无法离开图层来实现。

图层是什么呢？可以这样理解：图层就如同堆叠在一起的透明胶片，每一张胶片上面都印有不同的图像，可以透过上层胶片的透明区域看到下层胶片的内容，如图2-2-2所示。

每个图层中的对象都可以单独编辑与处理，不会影响其他图层中的内容。可以拖动图层调整其层次关系。当要修改图层中的内容时，首先要在"图层"面板中选择该图层。被选中的图层称为当前图层或活动图层。

"图层"面板用于创建、编辑和管理图层，以及为图层添加图层样式等，如图2-2-3所示。

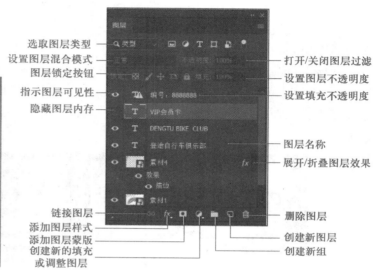

图2-2-2　图层状态　　　　　　　　图2-2-3　"图层"面板

（1）选取过滤类型。当图层数量较多时，可在该选项下拉列表框中选择一种过滤类型，包括名称、效果、模式、属性和颜色，让"图层"面板只显示某一类图层，隐藏其他类型的图层。

（2）打开/关闭图层过滤。单击该按钮，可以启用或停用图层过滤功能。

（3）设置图层混合模式。用来设置当前图层的混合模式，使之与下面的图像产生混合效果。

（4）设置图层不透明度。用来设置当前图层的不透明度。当其呈现透明状态时，下面图层的图像内容就会显示出来。

（5）设置填充不透明度。用来设置当前图层的填充不透明度，它与图层不透明度类似，但不会影响图层样式效果。

（6）图层锁定按钮。图层锁定按钮包括"锁定透明像素"、"锁定图像像素"、"锁定位置"、"锁定画板"和"锁定全部"，用来锁定当前图层的属性，使其不可编辑。

（7）指示图层可见性。图层上有"眼睛"图标，表示该图层的内容显示在文档窗口，单击"眼睛"图标变为"矩形"图标，表示该图层的内容不显示在文档窗口中，也不可对其进行编辑。

（8）图层链接图标。图层链接图标表示多个图层彼此链接，它们可以一同移动或进行变换操作。

（9）隐藏图层内容。在图层上有"矩形"图标，表示该图层的内容不在文档窗口中显示，单击可以变为"眼睛"图标，即可显示该图层的内容于文档窗口之中。

（10）链接图层。用来链接当前选择的多个图层。

（11）添加图层样式。单击该按钮，在打开的下拉列表中可以为当前图层添加图层样式。

（12）添加图层蒙版。单击该按钮，可以为当前图层添加图层蒙版。

（13）创建新的填充或调整图层。单击该按钮，在打开的下拉列表中可以选择创建新的填充图层或调整图层。

（14）创建新组。单击该按钮可以创建一个图层组。

（15）创建新图层。单击该按钮可以创建一个新图层。

（16）删除图层。单击该按钮可以删除当前选择的图层或图层组。

2. 认识选区

在使用 Photoshop 处理图像局部时，首先要指定编辑操作的有效区域，即创建选区。创建选区的方法较多，可以使用"选框工具""套索工具""魔棒工具"等或按〈Ctrl〉+〈A〉键（全选）来建立选区，如图 2-2-4 所示。在文档窗口中建立选区后，按〈Ctrl〉+〈D〉键可取消已经建立的选区。

| (a) 用"选框工具"建立选区 | (b) 用"套索工具"建立选区 | (c) 用"魔棒工具"建立选区 | (d) 通过全选建立选区 |

图 2-2-4　建立选区

任务实施

1. 制作企业图标

（1）启动 Photoshop CC 2019，进入操作界面。

（2）单击"文件"→"打开"命令。

（3）在"打开"对话框中选择"素材2"图像文件，如图 2-2-5 所示。

（4）单击"打开"按钮，打开文件。

（5）单击工具箱中的"魔棒工具"按钮。

（6）在工具选项栏中取消勾选"连续"复选框。

（7）在"容差"文本框中输入"10"。

（8）单击图像白色区域，建立选区，如图 2-2-6 所示。

图 2-2-5　"打开"对话框

图 2-2-6　建立选区

（9）单击"选择"→"反选"命令，选择除白色区域外的内容，如图 2-2-7 所示。

（10）按〈Ctrl〉+〈C〉键，复制选区内的图像。

（11）按〈Ctrl〉+〈N〉键，创建新文件。

（12）按〈Ctrl〉+〈V〉键，粘贴剪贴板上的内容。

（13）右键单击"图层"面板中的"背景"图层。

（14）选择"删除图层"命令，删除"背景"图层，如图 2-2-8 所示。

图 2-2-7　反选操作

图 2-2-8　删除"背景"图层

（15）单击"文件"→"存储为"命令。

（16）在"另存为"对话框的"文件名"文本框中输入"素材 4"。

（17）在"保存类型"下拉列表框中选择"PNG"文件格式，如图 2-2-9 所示。

（18）单击"保存"按钮。

> 🐿 **小提示**
>
> 　　如果抠掉背景的图形还需要用到其他文件中，一般选择 PNG 文件格式保存。

2. 制作背景

（1）按〈Ctrl〉+〈N〉键，打开"新建文档"对话框。

（2）在"新建文档"对话框的"名称"文本框中输入"登途会员卡"。

（3）在"宽度""高度"单位下拉列表框中选择"毫米"，并分别在文本框中输入"88.5"和"54"。

（4）在"分辨率"文本框中输入"300"，单位选择"像素 / 英寸"。

（5）在"颜色模式"下拉列表框中选择"CMYK颜色"，如图 2-2-10 所示。

（6）单击"创建"按钮。

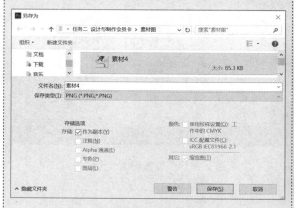

图 2-2-9　保存文件

图 2-2-10　"新建文档"对话框

（7）单击工具箱中的"设置前景色"按钮。

（8）在"拾色器（前景色）"对话框中选择绿色或在颜色值文本框中输入"b3d335"，如图2-2-11所示。

（9）单击"确定"按钮。

图 2-2-11　设置前景色

3. 添加图案

（1）单击"文件"→"置入嵌入对象"命令。

（2）选取素材文件夹"素材1"。

（3）单击"置入"按钮，置入文件。

（4）在置入对象选项栏的"角度"文本框中输入"-13"，旋转对象。

（5）按〈Enter〉键确定置入图像文件，如图2-2-13所示。

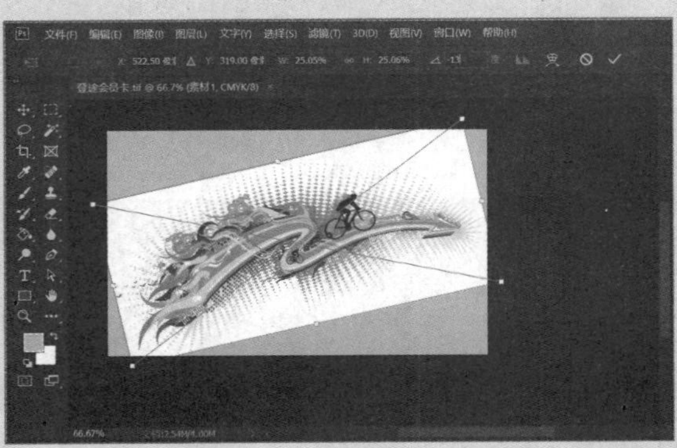

![图 2-2-13 置入文件]

图 2-2-13　置入文件

（10）单击工具箱中的"油漆桶工具"按钮。

（11）将鼠标指针移动到文档窗口，单击填充"背景"图层，如图2-2-12所示。

![图 2-2-12 填充背景]

图 2-2-12　填充背景

（6）单击"图层"面板中的"设置图层的混合模式"下拉列表框。

（7）选择"线性加深"选项，改变图像混合模式，如图2-2-14所示。

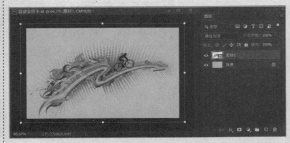

图 2-2-14　设置图像混合模式

（8）单击"文件"→"置入"命令。

（9）选取事先制作好的"素材4"图像文件。

（10）单击"置入"命令，置入文件。

（11）在置入对象选项栏的"W""H"文本框中均输入"20%"，缩放对象。

（12）在置入对象选项栏的"X""Y"文本框中分别输入"82.50像素""77.50像素"，确定对象位置。

（13）按〈Enter〉键确定置入图像文件，如图2-2-15所示。

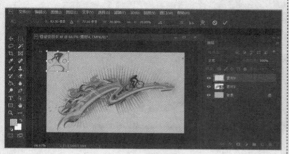

图 2-2-15 置入文件

4. 添加文字

（1）单击工具箱中的"横排文字工具"按钮。

（2）在工具选项栏的"字体"下拉列表框中选择"方正粗倩简体"。

（3）在"字号"文本框中输入"14点"。

（4）在"消除锯齿"下拉列表框中选择"浑厚"选项。

（5）颜色设置为白色（#ffffff）。

（6）在图像上单击确定文字输入位置，输入"登途自行车俱乐部"文本，如图2-2-17所示。

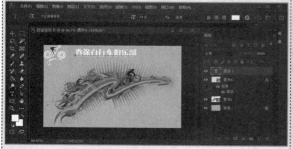

图 2-2-17 输入文本

（14）单击"编辑"→"变换"→"水平翻转"命令，翻转对象。

（15）单击"图层"面板底部的"添加图层样式"按钮，选择"描边"选项，如图2-2-16所示，打开"图层样式"对话框。

（16）单击"颜色"按钮，在"拾色器（描边颜色）"对话框选择白色（#ffffff），即设置描边颜色为白色。

图 2-2-16 设置对象

（7）用步骤（1）～（6）的方法输入其他文本，如图2-2-18所示。

小提示

文本的字体、字号、颜色及其位置的选择，可以根据客户的需求和制作卡片的需要进行选择与设置。至此，一张会员卡正面的设计与制作基本完成，还可以对画面中的元素进行一些小的调整，使画面更加匀称、美观。

图 2-2-18 输入其他文本

 任务拓展

1. 认识移动工具

"移动工具" ⊕ 是最常用的工具之一，无论是文档中对象、选区的移动，还是将图层或其他文档中的图像拖入到当前文档中，都离不开"移动工具"。操作时，选择工具箱中的"移动工具"后，可以设置工具选项栏的相关参数，如图 2-2-19 所示。

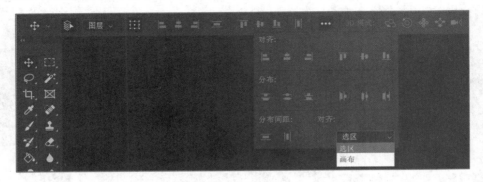

图 2-2-19 "移动工具"选项栏

（1）自动选择 ⊜。如果文档中包含多个图层或组，可以单击"自动选择"按钮，然后在下拉列表框中选择要移动的内容。选择"图层"选项，使用"移动工具"在画面单击时，可以自动选择工具下面包含像素最顶层的图层；选择"组"选项，则在画面单击时，可以自动选择工具下包含像素最顶层的图层所在的图层组，如图 2-2-20 所示。

图 2-2-20 自动选择效果

（2）显示变换控件 ▦。单击"显示变换控件"按钮后，选择一个图层时，就会在图层内容周围显示控制点和定界框，如图 2-2-21 所示。可以通过拖动控制点对图像进行放大、缩小、翻转等变换操作，如图 2-2-22 所示。

图 2-2-21　变换控件

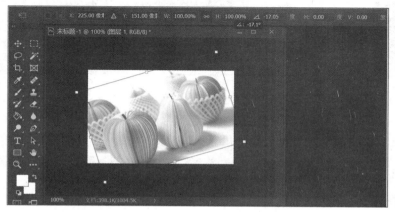

图 2-2-22　旋转对象

（3）对齐图层。选择两个或多个图层后，可单击相应的按钮让所选图层对齐。在工具选项栏中，包括"顶对齐"、"垂直居中对齐"、"底对齐"、"左对齐"、"水平居中对齐"和"右对齐"等按钮。比如，如果用户需要将文档窗口中的对象进行顶对齐，首先要将对齐对象所在的图层选中，然后单击"移动工具"选项栏上的"顶对齐"按钮，即可实现顶对齐，如图 2-2-23 所示。

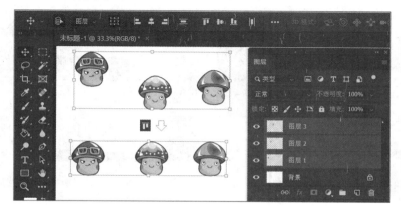

图 2-2-23　对齐对象

（4）分布图层。如图选择了3个或3个以上的图层，可单击相应的按钮使所选图层中的对象按照一定的规则均匀分布。在工具选项栏中，包括"按顶分布" 、"垂直居中分布" 、"按底分布" 、"按左分布" 、"水平居中分布" 、"按右分布" 和"自动对齐图层" 等按钮。比如，如果用户需要将文档窗口中的对象进行按左均匀分布。首先要将均匀分布的对象所在的图层选中，然后单击"移动工具"选项栏上的"水平居中分布"按钮 ，即可实现按水平居中均匀分布操作，如图2-2-24所示。

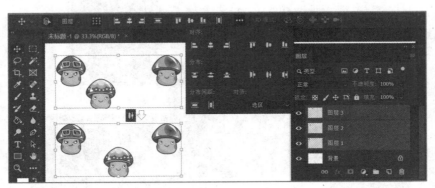

图 2-2-24　均匀分布对象

在实际的应用过程中，经常将对齐与分布功能配合使用。

（5）3D模式。"移动工具"选项栏提供了3D模型的移动、缩放等操作功能。在"移动工具"选项栏中有"旋转" 、"滚动" 、"拖运" 、"滑动" 、"缩放" 等工具选项。

2. 移动图像操作

（1）同一文档中移动对象

①选择需要移动对象的图层。

②单击工具箱中的"移动工具"按钮。

③单击文档窗口中的对象并拖动鼠标移动到合适的位置，如图2-2-25所示。

（2）不同文档中移动对象

①单击"窗口"→"排列"→"层叠"命令，排列文档窗口。

②单击工具箱中的"移动工具"按钮。

③单击文档窗口中的对象并拖动鼠标移动到另一文档窗口，当文档窗口四周显示白色框后松开鼠标，如图2-2-26所示。

④然后调整所移动对象位置即可。

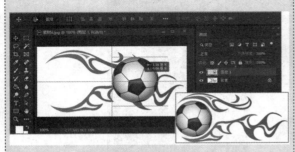

图 2-2-25　移动同一文档对象

图 2-2-26　移动不同文档对象

（3）移动文件夹中的图像

① 将图像文件所在的文件夹与 Photoshop 操作界面并列排列。

② 单击文件夹中的图像并拖动至 Photoshop 文档窗口，当文档窗口出现"复制"图标后松开鼠标，打开图像文件，如图 2-2-27 所示。

图 2-2-27　移动文件夹的图像

3. 认识选框工具

选框工具是 Photoshop 软件最基本的选区建立工具，包括"矩形选框工具""椭圆选框工具""单行选框工具"和"单列选框工具"，如图 2-2-28 所示，可以用这些工具创建规则的形状选区。四种选框工具的基本效果如图 2-2-29 所示。在文档窗口中建立选区后，后续的操作只对选区有效。

图 2-2-28　选框工具

图 2-2-29　选框工具示例

当用户选择选框工具后，在工具选项栏中就会呈现出选框工具的相关选项，如图 2-2-30 所示。用户根据需要设置相关的选项。对选区各种的效果如图 2-2-31 所示。

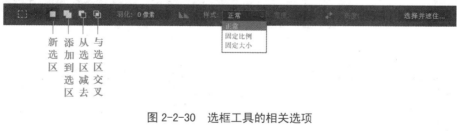

图 2-2-30　选框工具的相关选项

图 2-2-31　选区操作

（1）新选区。选择"新选区"选项后，在画布上每次画出的都是新选区，若画布上原来有选区，添加新选区时原选区消失。

（2）添加到选区。选择"添加到选区"选项后，可以在画布原有选区上增加多个选区或扩大选区范围。

（3）从选区减去。选择"从选区减去"选项后，可以在画布原有选区上增加新选区后，减去两选区相交的部分，原选区未与新选区相交的部分合并成新选区。

（4）与选区交叉。选择"从选区交叉"选项后，可以在画布原有选区上增加新选区后，使两选区相交的部分成为新选区。

> **小提示**
>
> 　如果当前图像中有选区存在，按住〈Shift〉键可以在当前选区上添加选区，按住〈Alt〉键可以在当前选区中减去绘制的选区，按住〈Shift〉+〈Alt〉键可以得到与当前选区相交的选区。

（5）羽化。羽化就是使选定范围的图像边缘达到朦胧的效果。羽化值越大，朦胧范围越宽，羽化值越小，朦胧范围越窄。

（6）样式。样式用来设置选区的创建方法。选择"正常"选项，可以通过拖动鼠标创建任意大小的选区；选择"固定比例"选项，可在右侧"宽度"和"高度"文本框中输入数值，创建固定比例的选区；选择"固定大小"选项，设置"宽度"和"高度"值，用选框工具时，只需单击画面即可创建设定大小的选区。

（7）"选择并遮住…"按钮。单击该按钮，可以打开"属性"面板，对选区边缘进行平滑、羽化等调整，如图 2-2-32 所示。

图 2-2-32　调整选区边缘

> **小提示**
>
> 　创建矩形选区或椭圆选区时，在放开鼠标按键前，按住空格键拖动鼠标，可以移动选区。创建选区以后，用鼠标单击选区即可拖动选区并移动到理想的位置，也可以按↓键移动选区。

4. 认识魔棒工具

"魔棒工具" ![魔棒工具图标] 可以在图像中创建选区，是抠取图像中部分内容的重要工具。在操作时，根据图像像素的复杂程度，设置好该工具选项栏相关参数显得尤为重要，如图 2-2-33 所示。

图 2-2-33　"魔棒工具"选项栏

（1）取样大小。取样大小用来设置"魔棒工具"的取样范围。选择"取样点"选项，可以对光标所在位置的像素进行取样；选择"3×3 平均"选项，可对光标所在位置 3 个像素区域内的平均颜色进行取样，其他选项以此类推。

（2）容差。容差决定什么样的像素能够与鼠标指针单击点的色调相似。当容差较低时，只选择与指针单击点像素非常接近的少数颜色；当容差值越高，对像素相似程度不同的要求就越低，选择的颜色范围就越广。在图像的同一位置单击，设置不同的容差值所选择的区域也不一样，如图 2-2-34 所示。此外，在容差值不变的情况下，鼠标单击的位置不同，选择的区域也不同。

图 2-2-34　不同容差建立选区效果

（3）连续。选择"连续"按钮，只选择颜色连接的区域，取消选择时，可以选择与鼠标单击点颜色相近的所有区域，包括没有连接的区域，如图 2-2-35 所示。

图 2-2-35　"连续"选项效果

（4）对所有图层取样。如果图像文档中包含多个图层，启用该选项时，可选择所有可见图层上颜色相近的区域；取消该选项时，则仅选择当前图层上颜色相近的区域，如图 2-2-36 所示。

图 2-2-36　"对所有图层取样"效果

（5）选择主体。使用"选择主体"功能能够自动从图像中最突出的对象创建选区。操作时，打开一幅图像，单击"选择主体"按钮，软件会通过计算，将以图像中最突出的对象创建一个选区，如图 2-2-37 所示。

图 2-2-37　自动创建选区

　　"魔棒工具"选项栏中"选择并遮住…"按钮与选框工具选项栏中"选择并遮住…"按钮的功能一样，在此不再赘述。

5. 认识快速选择工具

　　"快速选择工具"  与"魔棒工具"一样，是基于色调和颜色差异来构建选区的工具。"快速选择工具"能够利用可调整的圆形画笔笔尖快速绘制选区，在拖动鼠标指针时，选区会向外扩展并自动查找和跟随图像中定义的边缘。设置好工具选项栏中的参数或选项更有利于"快速选择工具"的应用，如图 2-2-38 所示。

图 2-2-38　"快速选择工具"选项栏

　　（1）选区运算选项按钮。选择"新选区"按钮，可以创建一个新的选区；选择"添加到选区"按钮，可以在原选区的基础上添加绘制的选区；选择"从选区减去"按钮，可以在原选区的基础上减去当前绘制的选区。

　　（2）画笔。单击画笔下拉按钮，可在打开的下拉面板中选择画笔笔尖、更改画笔的大小、设置画笔的硬度和间距等；也可在绘制选区的过程中按〈]〉（右方括号）或〈[〉（左方括号）键增大或缩小画笔。

　　（3）对所有图层取样。如果图像文档中包含多个图层，选择该选项时，可选择所有可见图层上颜色相近的区域；取消该选项时，则仅选择当前图层上颜色相近的区域。

　　（4）自动增强。可减少选区边界的粗糙度和块效应。"自动增强"功能可以自动将选区向图像边缘进一步流动并应用一些边缘调整，也可以在"调整边缘"对话框中使用"平滑""对比度"和"半径"选项手动应用边缘调整。

6. 使用快速选择工具抠图

（1）打开"素材 8"图像文件。

（2）右键单击"背景"图层，选取"复制图层"命令，如图 2-2-39 所示。

（3）单击"复制图层"对话框中 "确定"按钮，复制图层。

> **小提示**
>
> 复制一个图层后，进行编辑时不会改变原图，是对素材图的一种保护方法。

图 2-2-39　复制图层

（4）单击工具箱中的"快速选择工具"按钮。

（5）单击工具选项栏中的"添加到选区"按钮。

（6）单击图像中"花"区域，并在花的区域拖动鼠标指针，如图 2-2-40 所示。

图 2-2-40　创建选区

（7）单击"选择"→"反向"命令。

（8）按〈Delete〉键删除背景。

（9）单击"图层"面板上"背景"图层的"指示图层可见性"按钮，隐藏"背景"图层，如图 2-2-41 所示。

图 2-2-41　抠取图像

7. 认识油漆桶工具

"油漆桶工具"可以在图像中填充前景色和图案。其工具选项栏如图 2-2-42 所示。若创建了选区，填充区域为所选选区，若没有创建选区，则填充与鼠标单击点颜色相近的区域。

图 2-2-42　"油漆桶工具"选项栏

（1）填充内容。单击"油漆桶"右侧下拉列表框，在下拉列表框中可以选择填充内容，包括"前景"或"图案"。

（2）模式 / 不透明度。用来设置填充内容混合模式和不透明度。

（3）容差。用来设置需要填充像素颜色的相似程度。设置低容差值，其填充颜色值范围与单击点像素非常相似的像素，设置高容差值，其填充颜色值范围就会大些。

8. 制作底纹纸效果

（1）打开素材文件夹中的"素材 9"图像文件。

（2）右键单击"图层"面板"背景"图层名称。

（3）选择"复制图层"命令。

（4）在打开的对话框中单击"确定"按钮，生成"背景拷贝"图层，如图 2-2-43 所示。

（5）单击工具箱中的"魔棒工具"按钮。

（6）在工具选项栏的"容差"文本框中输入"30"，选择"连续"按钮。

（7）单击图像区域白色部分，按〈Delete〉键删除选区内容。

（8）按〈Ctrl〉+〈D〉键取消选区，隐藏"背景"图层，如图 2-2-44 所示。

（9）单击"编辑"→"定义图案"命令，定义图案。

图 2-2-43　复制图层

图 2-2-44　定义图案

（10）按〈Ctrl〉+〈N〉键创建新文件。

（11）在"宽度""高度"文本框中均输入"600"，单位选择"像素"。

（12）单击工具箱中的"油漆桶工具"按钮。

（13）在工具选项栏中"填充内容"下拉列表框中选择"图案"。

（14）单击"图案样本"旁边下拉三角按钮，在"图案样本"下拉列表中选取定义的图案。

（15）单击文档窗口，填充图案，如图 2-2-45 所示。

（16）单击"图层"面板上"创建新图层"按钮，建立新图层。

（17）单击"设置前景色"按钮，打开"拾色器（前景色）"对话框，在"#"文本框中输入"e89c08"，设置颜色。

（18）单击工具箱中的"油漆桶工具"按钮。

（19）在工具选项栏"填充内容"下拉列表框中选择"前景"选项，单击文档窗口，填充前景色。

（20）在"图层"面板上"图层混合模式"下拉列表框中选择"正片叠底"，如图 2-2-46 所示。

图 2-2-45　填充图案

图 2-2-46　设置图层混合模式

思考练习

1. 在 Photoshop 中，使用选框工具建立选区后，一般只能（　　　）。

　　A．在选区内编辑与处理图像内容

　　B．在选区外编辑与处理图像内容

　　C．都一样

2. 在选框工具选项栏的"样式"下拉列表框中选择了"固定比例"后，在图像操作区只能建立（　　　）的选区。

　　A．固定大小　　　　　　　　B．固定比例　　　　　　　　C．固定正方形

3. 使用 Photoshop 软件中的工具，尝试制作一张会员卡。

活动评价

在完成本次任务的过程中，我们学会了使用 Photoshop 软件设计、制作会员卡，请对照表 2-2-1 进行评价与总结。

表 2-2-1　活动评价表

评 价 指 标	评 价 结 果	备　注
1．能够正确使用移动工具	□A　□B　□C　□D	
2．能够根据需要使用选框工具建立选区	□A　□B　□C　□D	
3．能够熟练使用魔棒工具建立选区	□A　□B　□C　□D	
4．能够设计与制作一张会员卡	□A　□B　□C　□D	

综合评价：

任务三 设计与制作贺卡
sheji yu zhizuo heka

任务描述

贺卡源于人类社交的需要。寄送贺卡是人们寄托祝福的一种常见方式，例如生日祝福、节日问候、结婚祝福，都会用到贺卡。

20 世纪 90 年代前后，大量精美的贺卡竞相争艳，新春贺卡达到了前所未有的高峰。20 世纪 90 年代末期，由于计算机网络技术的迅猛发展，电子贺卡应运而生，形成了电子贺卡与纸质贺卡两架"马车"并驾齐驱之势。无论是电子贺卡还是纸贺卡，在其图形图像的设计与制作上没有多大的区别。

根据贺卡的不同类型和制作工艺，在其设计与制作上也有着不同的要求。在本任务中，我们利用 Photoshop CC 2019 软件，设计与制作一张恭贺中国羊年春节的纸质新春贺卡，其效果如图 2-3-1 所示。

图 2-3-1　贺卡效果图

任务分析

春节是中国最重要的传统节日之一。制作新春贺卡，首先必须突出喜庆、欢乐的春节氛围。从贺卡的颜色看，中国人最喜欢的颜色是红色，所以卡片的色调大多定为红色。其次选择春节最具有代表性的事物，如燃放爆竹是老少皆乐的一件事，可以把"爆竹"图放进贺卡中。其三要考虑到节日的深层文化，春节是依据中国农历年，该年生肖图必不可少。同时，人们在新的一年开始都会有一个良好的愿望——招财进宝、兴旺发达、万事如意，等等。因此，也得用图像或文字表现出来。

贺卡的规格分为大折卡、大单卡、中折卡、单卡、折卡等类型，其每一种尺寸不尽统一，但我们可以参考一般的大小规格（表 2-3-1）完成新春贺卡的设计与制作。

表 2-3-1 贺 卡 规 格

型　　号	长 /mm	宽 /mm	型　　号	长 /mm	宽 /mm
B6	176	125	DL	220	110
ZL	230	120	C5	229	162
C4	324	229			

 任务准备

1. 了解辅助工具

标尺、参考线、网格和注释工具都属于 Photoshop 软件处理图像的辅助工具。它们不能直接用来编辑图像，但却可以帮助用户更好地完成选择、定位或编辑图像的操作。

（1）标尺和参考线。利用标尺和参考线可以比较精确地给文档窗口中的图像确定位置，如图 2-3-2 所示。

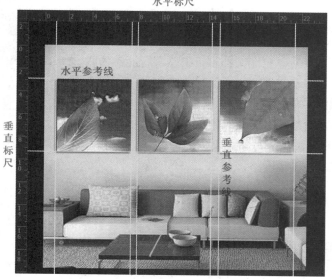

图 2-3-2 标尺与参考线

在操作时，单击"视图"→"标尺"命令或按〈Ctrl〉+〈R〉键，可以显示或取消显示标尺。当文档窗口中显示标尺时，在文档窗口中移动鼠标，在垂直标尺和水平标尺上就会显示光标的精确位置。在默认情况下，标尺的原点位于文档窗口的左上角（0，0）标记处。若用户根据图像处理的特殊要求，可以单击左上角的原点按钮并拖动到文档窗口的任意位置，如图2-3-3所示。若要还原标尺原点位置，双击左上角的原点按钮即可。

图2-3-3　改变标尺原点位置

（2）参考线。参考线有垂直参考线和水平参考线，可以给图像中的元素定位起到参考作用。在操作时，首先单击"视图"→"显示"→"参考线"命令，使参考线在文档显示，然后单击"视图"→"新建参考线"命令，打开"新建参考线"对话框，在"取向"选项中选择创建水平或垂直参考线，在"位置"文本框中输入参考线的精确位置，单击"确定"按钮，即可在指定位置创建参考线，如图2-3-4所示。当然，也可以单击标尺并拖动鼠标到文档窗口，同样可以创建参考线。创建参考线后，可以单击"视图"→"锁定参考线"或"视图"→"清除参考线"命令锁定或清除参考线。

（3）智能参考线。智能参考线是一种比较智能化的参考线，它只在用户需要时出现。在操作时，用户需要先单击"视图"→"显示"→"智能参考线"命令，允许文档窗口中显示智能参考线，然后使用"移动工具"移动文档窗口中的对象，移动的对象会自动寻找一个可以参照的对象，然后显示三条参考线，如图2-3-5所示，用户根据需要判断是否参照该对象。

图2-3-4　"新建参考线"对话框

（4）网格。网格对于对称地布置对象非常有用。在操作时，单击"视图"→"显示"→"网格"命令，可以在文档窗口中显示网格，如图2-3-6所示。

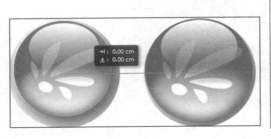

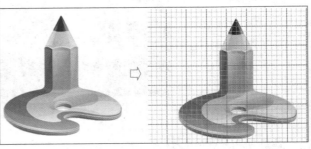

图2-3-5　智能参考线　　　　　　　　　　　图2-3-6　显示网格

小提示

辅助工具还有注释、对齐、显示或隐藏等，其使用方法简单，在此不再一一介绍。

2. 了解图层样式

图层样式也就是图层效果，通过它可以为图层中的图像内容添加投影、发光、浮雕、描边等效果，创建具有真实质感的水晶球、玻璃、金属和纹理特效。图层样式可以随时修改、隐藏或删除，具有非常大的灵活性，应用系统预设的样式，或者载入外部样式，只需要轻轻点击鼠标即可应用于图像。

若要给图层添加样式，可以先选择该图层，然后单击"图层"→"图层样式"→"斜面和浮雕/……"命令、双击该图层或单击"图层"面板下方的"添加图层样式"按钮，均可打开"图层样式"对话框，如图 2-3-7 所示。

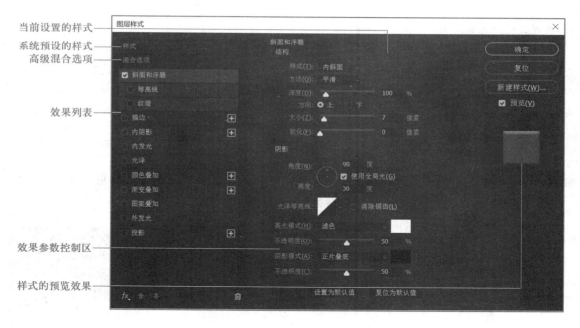

图 2-3-7 "图层样式"对话框

在"图层样式"对话框的左侧列出了多种效果。选择一个效果名称，该对话框的右侧显示与之对应的选项和参数设置区，用户可以根据图像处理的需要设置相关的参数，达到效果。当用户设置好相关选项和参数后，单击"确定"按钮，在"图层"面板上就会显示出一个图层样式图标和一个效果列表，如图 2-3-8 所示。

图 2-3-8　图层样式效果

 任务实施

1. 抠出"金羊"图

（1）启动 Photoshop CC 2019，进入操作界面。

（2）单击"文件"→"打开"命令。

（3）在"打开"对话框中选择"素材 8"图像文件。

（4）单击"打开"按钮，打开文件，如图 2-3-9 所示。

（5）单击工具箱中的"磁性套索工具"按钮，在工具选项栏中的"羽化"文本框中输入"0 像素"。

（6）单击图像中"羊"的边缘，沿"羊"身体边缘移动鼠标直至起点。

（7）单击鼠标左键，一个选区即可形成，如图 2-3-10 所示。

（8）按〈Ctrl〉+〈C〉键，复制选区中的图像。

图 2-3-9　"打开"对话框

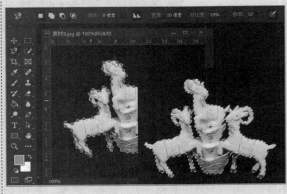

图 2-3-10　建立选区

（9）按〈Ctrl〉+〈N〉键，创建新文件。

（10）在弹出的"新建文档"对话框中单击"确定"按钮。

（11）按〈Ctrl〉+〈V〉键，粘贴图像。

（12）右键单击"背景"图层，选择"删除图层"命令，如图 2-3-11 所示。

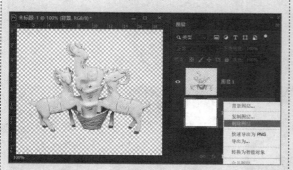

图 2-3-11　创建文件

2. 制作"恭贺新春"文字

（1）打开"素材 0"图像文件。

（2）单击工具箱中的"魔棒工具"按钮。

（3）取消选择工具选项栏"连续"选项。

（4）单击文档窗口中的文字，建立选区，如图 2-3-13 所示。

图 2-3-13　建立选区

（13）按〈Shift〉+〈Ctrl〉+〈S〉键，另存文件。

（14）选择文件保存的文件夹。

（15）在"另存为"对话框"文件名"文本框中输入"金羊"。

（16）在"保存类型"下拉列表框中选择"PNG"文件格式，单击"保存"按钮，如图 2-3-12 所示。

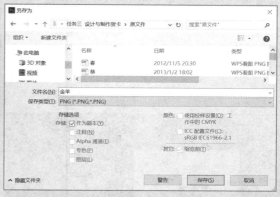

图 2-3-12　保存文件

（5）单击工具箱中的"设置前景色"按钮，打开"拾色器（前景色）"对话框。

（6）在"拾色器（前景色）"对话框中选取红色（#d62508），如图 2-3-14 所示。

（7）单击"确定"按钮。

图 2-3-14　设置前景色

（8）单击"图层"面板上的"创新建图层"按钮，新建"图层 1"。

（9）单击工具箱中的"油漆桶工具"按钮。

（10）在工具选项栏的"容差"文本框中输入"32"。

（11）单击文档窗口中的文字选区，填充红色，如图 2-3-15 所示。

（12）右键单击"背景"图层，选择"删除图层"命令，如图 2-3-16 所示。

（13）按〈Shift〉+〈Ctrl〉+〈S〉键，另存文件。

（14）选择文件保存的文件夹，在"文件名"文本框中输入"恭"，在"保存类型"下拉列表框中选择"PNG"文件格式。

（15）单击"保存"按钮。

> **小提示**
>
> 依次将"素材 1""素材 2""素材 5"文件打开，采取处理"恭"字相同的方法继续制作"贺""新""春"三个文字。

图 2-3-15　填充颜色

图 2-3-16　删除背景层

3. 抠"金元宝"图

（1）打开"素材 7"文件。

（2）单击工具箱中的"魔棒工具"按钮。

（3）勾选工具选项栏中的"连续"选项，在"容差"文本框中输入"30"。

（4）单击文档窗口中的白色区域，建立选区，如图 2-3-17 所示。

（5）单击"选择"→"反向"命令。

（6）单击"选择"→"修改"→"收缩"命令。

（7）在"收缩选区"对话框的"收缩量"文本框中输入"2"，如图 2-3-18 所示。

（8）单击"确定"按钮。

图 2-3-17　建立选区

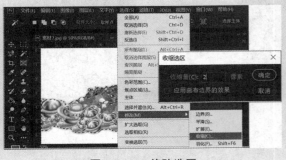

图 2-3-18　修改选区

（9）按〈Ctrl〉+〈C〉键，复制选区内图像。

（10）按〈Ctrl〉+〈V〉键，粘贴图像。

（11）将"背景"图层拖到"删除图层"按钮上，删除"背景"图层，如图 2-3-19 所示。

（12）按〈Shift〉+〈Ctrl〉+〈S〉键，另存文件。

（13）在"另存为"对话框的"文件名"文本框中输入"金元宝"，在"保存类型"下拉列表框中选择"PNG"文件格式。

（14）单击"保存"按钮。

4. 制作背景

（1）按〈Ctrl〉+〈N〉键，创建新文件。

（2）在"新建文档"对话框的"名称"文本框中输入"贺年卡"。

（3）在"宽度"和"高度"文本框中分别输入"229"和"162"，单位选择"毫米"。

（4）在"分辨率"文本框中输入"300"，单位选择"像素 / 英寸"。

（5）在"颜色模式"下拉列表框中选择"CMYK 颜色"。

（6）单击"创建"按钮，如图 2-3-20 所示。

图 2-3-19　删除背景图层

图 2-3-20　新建文件

（7）单击"视图"→"标尺"命令。

（8）单击"视图"→"新建参考线"命令，打开"新参考线"对话框。

（9）在"新建参考线"对话框的"位置"文本框中输入"11.5 厘米"，如图 2-3-21 所示。

（10）单击"文件"→"置入嵌入对象"命令，打开"置入嵌入的对象"对话框。

（11）在"置入嵌入的对象"对话框中选取"素材 9"图像文件。

（12）单击"置入"按钮。

（13）按〈Enter〉键，确定置入。

小提示

采取同样的方法，将"素材 10"图像文件置入文档中，注意调整其大小与位置，如图 2-3-22 所示。

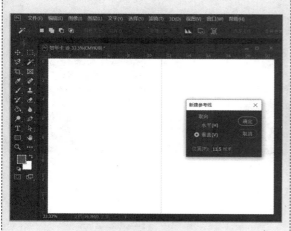

图 2-3-21　创建参考线

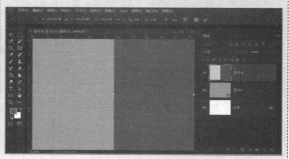

图 2-3-22　置入文件

5. 添加"金元宝"图

（1）置入处理过的"金元宝"图像。

（2）拖动控制点调整图像的大小与位置，如图 2-3-23 所示。

（3）按〈Enter〉键，确定置入。

（4）选取"金元宝"图层。

（5）单击"图层"面板上的"添加图层样式"按钮。

（6）选择"外发光"图层样式。

（7）将"外发光颜色"设置为黄色（#eeea36）。

（8）在"图素"栏的"扩展"文本框中输入"5"，在"大小"文本框中输入"130"，如图 2-3-24 所示。

（9）单击"确定"按钮。

图 2-3-23　置入文件

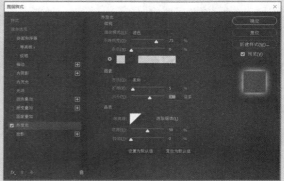

图 2-3-24　添加图层样式

6. 添加"金羊"

（1）置入处理过的"金羊"图像。

（2）拖动控制点调整图像的大小与位置，如图 2-3-25 所示。

（3）按〈Enter〉键，确定置入。

（4）右键单击"金元宝"图层，选择"拷贝图层样式"命令。

（5）右键单击"金羊"图层，选择"粘贴图层样式"命令，如图 2-3-26 所示。

图 2-3-25　置入文件

图 2-3-26　复制图层样式

7. 添加"爆竹"图

(1) 置入"素材 6"文件。

(2) 拖动控制点调整图像的大小与位置，如图 2-3-27 所示。

(3) 按〈Enter〉键，确定置入。

图 2-3-27　置入文件

(4) 右键单击"素材 6"图层。

(5) 选择右键菜单中的"粘贴图层样式"命令，粘贴图层样式，如图 2-3-28 所示。

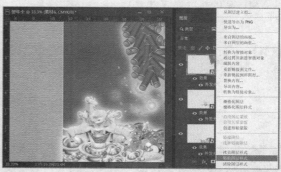

图 2-3-28　粘贴图层样式

8. 添加"恭贺新春"图

(1) 依次置入已经处理过"恭""贺""新""春"4 个文件。

(2) 拖动控制点调整图像的大小与位置。

(3) 按〈Ctrl〉键，单击"恭""贺""新""春"4 个图层。

(4) 单击右键，选择"合并图层"命令，如图 2-3-29 所示。

图 2-3-29　合并图层

(5) 移动"恭""贺""新""春"图像到合适的位置。

(6) 右键单击"春"图层。

(7) 选择右键菜单中的"粘贴图层样式"命令。

(8) 双击"春"图层打开"图层样式"对话框。

(9) 选择"描边"选项，在"大小"文本框中输入"10"，"颜色"设置为橙色（#f5b627），如图 2-3-30 所示。

(10) 单击"确定"按钮。

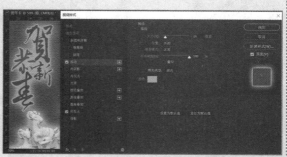

图 2-3-30　添加图层样式

9. 添加"吉祥如意"图

（1）置入已经处理过的"吉祥如意"文件。

（2）拖动控制点调整图像的大小与位置。

（3）单击"设置图层的混合模式"下拉列表框。

（4）选取"线性加深"选项，如图2-3-31所示。

图 2-3-31　置入文件

（5）单击工具箱中的"横排文字工具"按钮。

（6）在工具选项栏"字体"下拉列表框中选择"方正小标宋简体"。

（7）在"字号"文本框中输入"24点"，文本颜色设置为红色（#be0505）。

（8）单击图像，输入文本"丁未年"，如图2-3-33所示。

图 2-3-33　输入文本

10. 添加"标志"和文字

（1）置入"素材3"文件。

（2）拖动控制点调整图像的大小与位置。

（3）单击"设置图层的混合模式"下拉列表框。

（4）选取"叠加"选项，如图2-3-32所示。

图 2-3-32　添加图像

（9）移动"丁未年"文本位置。

（10）双击"丁未年"图层打开"图层样式"对话框。

（11）选取"描边"选项。

（12）在"结构"栏的"大小"文本框中输入"6"，"颜色"设置为黄色（#f1eb3b），如图2-3-34所示。

（13）单击"确定"按钮。

小提示

使用文字工具输入其他文字，然后整体观察，调整个别元素后即完成了一张羊年新春贺卡的制作。

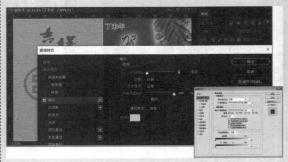

图 2-3-34　添加图层样式

1. 认识套索工具

Photoshop 中的套索工具组包括"套索工具""多边形套索工具"和"磁性套索工具"，如图 2-3-35 所示。其工具选项栏的参数设置与选框工具、魔棒工具的选项相同。"套索工具"就相当于在图像（或画布）中徒手绘制选区；"多边形套索工具"可以在图像（或画布）中画多边形选区；"磁性套索工具"具有自动识别对象边缘的功能，可以比较快速地给图像中的对象建立一个选区。

图 2-3-35　套索工具组及其选项栏

（1）磁性套索工具。"磁性套索工具"的"宽度""对比度"和"频率"设置直接影响工具性能，当然也包括"羽化"和"消除锯齿"等参数。"宽度"的值决定以光标中心，其周围有多少个像素能够被工具检测到。如果对象的边界清晰，可设置一个较大的宽度值；如果边界不是特别清晰，则需要设置一个较小的宽度值，如图 2-3-36 所示。"对比度"用来设置工具感应图像边缘的灵敏度，较高的数值只检测与周围环境对比鲜明的边缘，较低的数值则检测对比度边缘；如果图像的边缘清晰，可将该值设置高一些；如果边缘不是十分清晰，则设置需要低一些，如图 2-3-37 所示。使用"磁性套索工具"创建选区的过程中会出现许多锚点，而"频率"值决定了锚点的数量，其数值越高，生成锚点越多，捕捉到的边界越准确，但是过多的锚点也会造成选区的边缘不够光滑，如图 2-3-38 所示。"钢笔压力"选项用来检测计算机绘图笔的压力，根据绘图笔的压力大小自动调整检测范围。

图 2-3-36　"宽度"参数效果对比　　　　图 2-3-37　"对比度"参数效果对比

（2）套索工具。使用"套索工具"可以在文档窗口中随意绘制选区。操作时，单击文档窗口确定起点，拖动鼠标绘制选区，将光标移动到起点处，放开鼠标按键即可封闭选区，如图 2-3-39 所示。

图 2-3-38 "频率"参数效果对比

图 2-3-39 使用"套索工具"建立选区

（3）多边形套索工具。使用"多边形套索工具"可以在文档窗口中创建多边形选区。操作时，在文档窗口中单击确定起点，根据需要绘制选区，单击确定多个中间点，然后回到起点，单击鼠标建立选区，如图 2-3-40 所示。

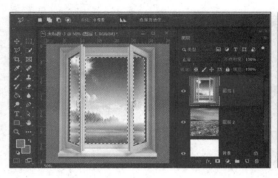

图 2-3-40 建立多边形选区

2. 选区的编辑操作

用户创建选区后，往往需要对其进行加工和编辑，才能使选区符合要求。加工和编辑选区可以使用"选择"→"修改"菜单中的"边界""平滑"等命令完成，如图 2-3-41 所示。

（1）边界。"边界"命令可以将选区的边界向内部与外部扩展，扩展后的边界与原来的边界形成新的选区。在"边界选区"对话框中，"宽度"用于设置选区扩展的像素值，如图 2-3-42 所示。

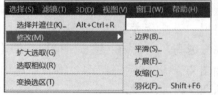

图 2-3-41 "修改"命令

图 2-3-42 边界效果

（2）平滑。"平滑"命令用于平滑选区的边缘。常用于处理"魔棒工具"创建的选区，使较硬的选区边缘变得平滑，如图 2-3-43 所示。

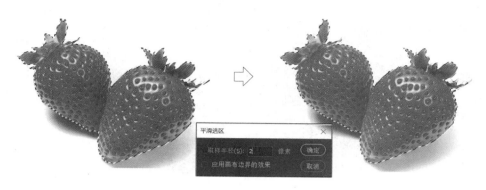

图 2-3-43　平滑选区

（3）扩展。"扩展"命令用于扩展文档窗口已建立的选区，如图 2-3-44 所示。

图 2-3-44　扩展选区

（4）收缩。"收缩"命令与"扩展"命令相反，用于收缩文档窗口已经建立的选区，如图 2-3-45 所示。

图 2-3-45　收缩选区

（5）羽化。"羽化"命令通过建立选区和选区周围像素之间的转换边界实现模糊边缘的作用，这种模糊方式将丢失选区边缘的一些图像细节，如图 2-3-46 所示。

图 2-3-46　羽化选区

3. 使用选区抠图

（1）打开"素材 12"图像文件。

（2）双击"背景"图层。

（3）单击"新建图层"对话框中的"确定"按钮，将其转换为普通图层，如图 2-3-47 所示。

（4）单击工具箱中的"魔棒工具"按钮。

（5）在工具选项栏的"容差"文本框中输入"40"。

（6）单击图像中蓝色区域。

（7）单击"选择"→"反向"命令，选中小狗，如图 2-3-48 所示。

（8）单击"选择"→"修改"→"收缩"命令。

（9）在"收缩选区"对话框中"收缩量"文本框中输入"2"。

（10）单击"确定"按钮。

图 2-3-47　转换图层

图 2-3-48　建立选区

（11）单击"选择"→"修改"→"羽化"命令。

（12）在"羽化选区"对话框中"羽化半径"文本框中输入"5"并单击"确定"按钮。

（13）单击"选择"→"反向"命令。

（14）按〈Delete〉键删除选区内容，一张带毛发边的图轻松抠了出来，如图 2-3-49 所示。

图 2-3-49　抠出图像

4. 了解图层样式

"图层样式"对话框中共有多种图层样式，用户可以根据不同的需求，选择不同的图层样式，设置相关参数，形成多种多样的效果。

（1）斜面和浮雕。斜面和浮雕样式可以对图层添加高亮与阴影的各种组合，使图层内容呈现立体的浮雕效果，如图 2-3-50 所示。

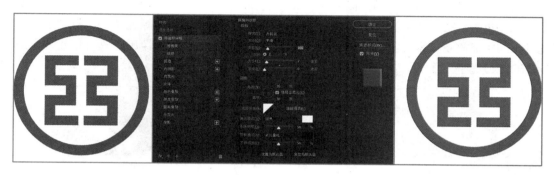

图 2-3-50 "斜面和浮雕"效果

① 样式。在"样式"下拉列表框中可以选择斜面和浮雕的样式。选择"外斜面"可以在图层内容的外侧边缘创建斜面；选择"内斜面"可以在图层内容的内侧边缘创建斜面；"浮雕效果"可以模拟图层内容相对于下一图层呈现浮雕状的效果；选择"枕头浮雕"可以模拟图层内容的边缘压入下层图层中产生的效果；选择"描边浮雕"可以将浮雕应用于添加了图层描边效果的边界，如图 2-3-51 所示。

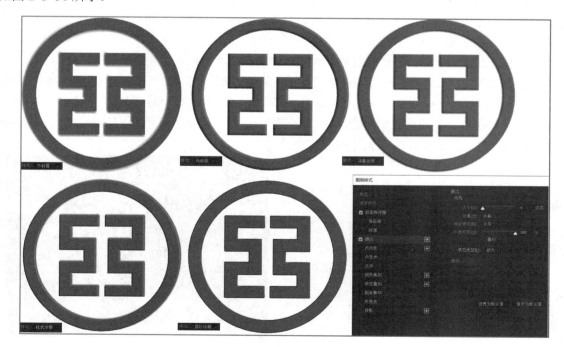

图 2-3-51 浮雕样式效果

小提示

如果要使用"描边浮雕"样式，需要先为图层添加"描边"效果才可以实现。

② 方法。方法是用来选择一种创建浮雕的方法。在"方法"下拉列表框中有"平滑""雕刻清晰""雕刻柔和"3个选项。"平滑"能够稍微模糊杂边的边缘，可用于所有类型的杂边，无论其边缘是柔和还是清晰，都不会保留大尺寸的细节特征；"雕刻清晰"使用距离测量技术，可用于消除锯齿形状的硬边、杂边，其保留细节特征的能力优于"平滑"方法；"雕刻柔和"使用经过修改的距离测量技术，虽然不如"雕刻清晰"精确，但对于较大范围的更有用处，它保留细节特征的能力优于"平滑"方法，如图2-3-52所示。

图 2-3-52 "方法"选项的浮雕效果

③ 深度。用来设置浮雕斜面的应用深度，该值越高，浮雕的立体感越强。

④ 方向。定位光源角度，可通过该选项设置高光和阴影的位置。

⑤ 大小。用来设置斜面和浮雕中阴影面积的大小。

⑥ 软化。用来设置斜面和浮雕的柔和程度，该值越高，效果越柔和。

⑦ 角度/高度。"角度"选项用来设置光源的照射角度，"高度"选项用来设置光源的高度。需要调整这个参数时，可以在相应的文本框中输入数值，也可以拖动圆形图标内的指针进行操作。

⑧ 光泽等高线。用户可根据需要，在"光源等高线"列表中选择某一个等高线样式，为斜面和浮雕表面添加光泽，创建具有光泽感的外观浮雕效果。

⑨ 消除锯齿。可以消除由于设置了光泽等高线而产生的锯齿。

⑩ 高光模式。用来设置高光的混合模式、颜色和不透明度。

⑪ 阴影模式。用来设置阴影的混合模式、颜色和不透明度。

另外，在"斜面和浮雕"样式下，还有"等高线"和"纹理"两个选项。单击"等高线"选项，可以切换到"等高线"选项卡，如图2-3-53所示。

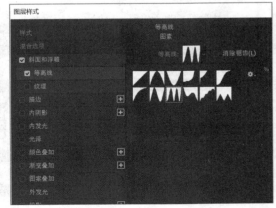

图 2-3-53 "等高线"面板

使用"等高线"可以勾选在浮雕处理中被遮住的起伏、凹陷和凸起，如图 2-3-54 所示。

图 2-3-54　等高线设置效果

单击"纹理"选项，可以切换到"纹理"选项卡。单击"纹理"选项卡中"图案"右侧的下拉列表按钮，打开图案列表，选择其中一个图案，即可将其应用到斜面和浮雕样式上，如图 2-3-55 所示。设置"缩放"和"深度"选项可以改变纹理的效果，如图 2-3-56 所示。

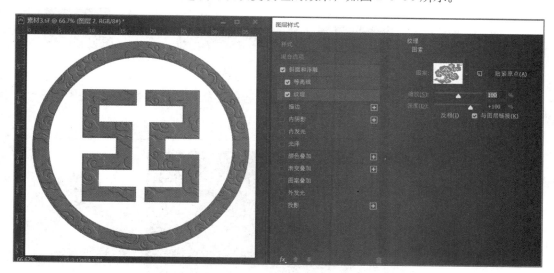

图 2-3-55　添加纹理浮雕效果

图 2-3-56　设置纹理浮雕参数

（2）描边。"描边"样式可以使用颜色、渐变或图案描绘对象的轮廓，适用于硬边形状，如图 2-3-57 所示。

图 2-3-57　"描边"效果

（3）内阴影。"内阴影"样式可以在紧靠图层内容的边缘内添加阴影，使图层内容产生凹陷效果，如图 2-3-58 所示。

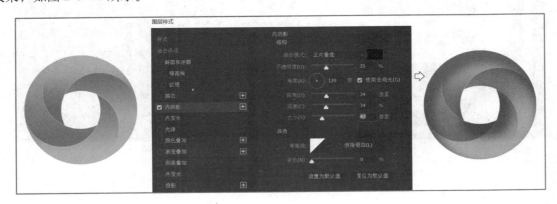

图 2-3-58　"内阴影"效果

（4）内发光。"内发光"样式可以沿图层内容的边缘向内创建发光效果，如图2-3-59所示。

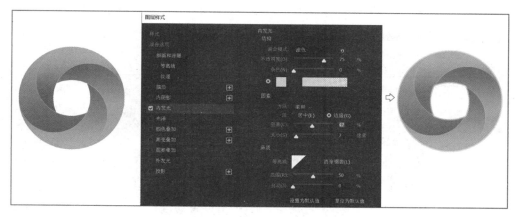

图 2-3-59 "内发光"效果

① 混合模式。"混合模式"用来设置发光效果与下面图层的混合方式。操作时，单击"混合模式"下拉列表框，可供选择的混合模式近二十种，用户可根据需要进行选择。

② 不透明度。"不透明度"用来设置发光效果的不透明度，该值越低，发光效果越弱。

③ 杂色。"杂色"可以在发光效果中添加随机的杂色，使光晕呈现颗粒感。

④ 发光颜色。"发光颜色"用来设置发光的颜色，若创建单色发光颜色，单击左侧的颜色块，打开"拾色器"对话框，即可设置发光颜色；若要创建渐变发光颜色，可单击右侧的渐变条，在"渐变编辑器"中设置渐变颜色，如图2-3-60所示。

图 2-3-60 发光颜色设置

⑤ 方法。"方法"用于控制发光的准确程度，有"柔和"和"精确"两个选项。"柔和"选项使发光变得模糊，得到柔和的边缘，而应用"精确"选项可得到清晰的边缘，如图2-3-61所示。

⑥ 扩展 / 大小。"扩展"用来设置发光范围的大小，而"大小"用来设置发光光晕范围的大小。

⑦ 源。"源"是用来控制发光光源的位置。选择"居中"表示应用从图层内容的中心发出的光，若增加"大小"值，发光效果会向图像中央收缩；选择"边缘"表示应用从图层内容的边缘发出的光，若增加"大小"值，发光效果会向图像中央扩散。

图 2-3-61 发光方法选择

⑧ 阻塞。"阻塞"用来在模糊之前收缩内发光的杂边边界。

（5）光泽。"光泽"样式可以应用光滑光泽的内部效果，通常用来创建金属表面的光泽外观。该效果没有特别的选项，但用户可以通过选择不同的"等高线"来改变光泽的样式，如图 2-3-62 所示。

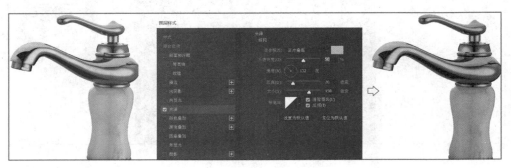

图 2-3-62 "光泽"效果

（6）颜色叠加。"颜色叠加"样式可以在图层上叠加指定颜色，通过设置颜色的混合模式和不透明度，控制叠加效果，如图 2-3-63 所示。

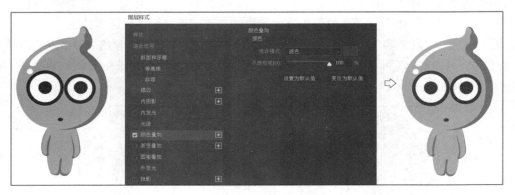

图 2-3-63 "颜色叠加"效果

（7）渐变叠加。"渐变叠加"样式可以在图层上指定渐变颜色，形成渐变叠加效果，如图 2-3-64 所示。

图 2-3-64 "渐变叠加"效果

（8）图案叠加。"图案叠加"样式可以在图层上叠加指定的图案，并且可以缩放图案，设置图案的不透明度和混合模式，实现图案叠加效果，如图 2-3-65 所示。

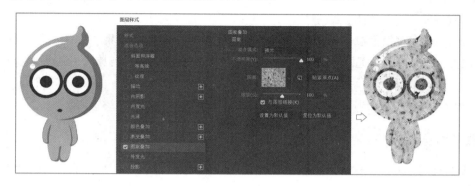

图 2-3-65 "图案叠加"效果

（9）外发光。"外发光"样式可以沿图层内容的边缘向外创建发光效果，如图 2-3-66 所示。其选项设置与"内发光"基本相同。

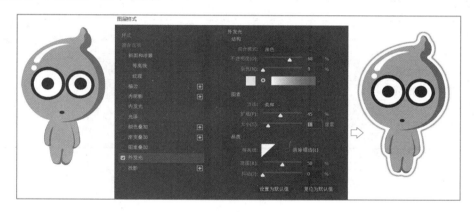

图 2-3-66 "外发光"效果

（10）投影。"投影"样式可以为图层内容添加投影，使其产生立体感，如图 2-3-67 所示。"投影"样式与"内阴影"样式的选项基本相同，它们的区别在于："投影"是通过"扩展"选项来控制投影边缘的渐变程度，而"内阴影"则通过"阻塞"选项来控制。

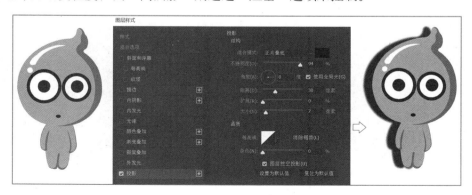

图 2-3-67 "投影"效果

思考练习

1．在 Photoshop 中，图层样式是（　　　）。

　　A．针对图层的效果　　　　　　B．针对图层中某个对象的效果　　　C．都一样

2．"边界"命令可以将选区的边界向（　　　）扩展，扩展后的边界与原来的边界形成新的选区。

　　A．内部与外部　　　　　　　　B．内部　　　　　　　　　　　C．外部

3．使用 Photoshop 软件中的工具，尝试制作一张贺卡。

活动评价

在完成本次任务的过程中，我们学会了使用 Photoshop 软件设计、制作贺卡，请对照表 2-3-2 进行评价与总结。

表 2-3-2　活动评价表

评 价 指 标	评 价 结 果	备　　注
1．能够正确使用套索工具组	☐A　☐B　☐C　☐D	
2．能够根据需要给图层添加图层样式	☐A　☐B　☐C　☐D	
3．能够根据需要编辑选区	☐A　☐B　☐C　☐D	
4．能够设计与制作一张贺卡	☐A　☐B　☐C　☐D	
综合评价：		

任务四　设计与制作明信片

sheji yu zhizuo mingxinpian

 任务描述

　　明信片是用铜版纸印制，正面既印有邮件信封的一般要素：收（寄）信人地址、姓名和邮政编码，还印有邮资图（或印有线框，标识贴邮票位置），有的还留有书写信件内容的位置；背面书写通信内容或印刷与内容相关的图片。明信片可由国家邮政部门印制发行，分印有邮资图和未印有邮资图两种（印有邮资图的明信片称为邮资明信片）。其他非邮政部门也可以印制明信片，但不得印有邮资图。

　　随着世界经济、文化一体化的到来，信息的传播与交流加速了明信片产业的发展。一些企业利用明信片这一社会大众广泛使用和接受的通信方式为载体，来展示企业的形象、理念、品牌以及产品，加大与客户、友人之间的联系与沟通。一些重大节日、社会活动和商务活动，其组织者也往往会与邮政部门联合发行一定数量的纪念或宣传性质的明信片。从这个意义上讲，明信片已经成为一种新型的广告媒体，因而明信片的设计与制作越来越讲究高品位的文化追求，越来越富有创意。

　　在本任务中，我们将利用 Photoshop CC 2019 的基本技术设计制作一张"恩施年度旅游节"明信片，其效果如图 2-4-1 所示。

图 2-4-1　明信片效果图

 任务分析

　　恩施年度旅游节是恩施地方的一次旅游盛会，也是恩施与世界交流的盛会，为其制作一张（套）明信片非常有意义。这种纪念性明信片的正面除了邮件要素以外，还印有本次活动的标志（景点、徽标等），背面主要是本次活动广告宣传内容。

　　恩施年度旅游节每年都一个鲜明的主题，比如某年的主题就是"参与、体验"，会徽图案由繁体"马"字毛笔书法构成。"马"体现出了当年属于"马年"，毛笔书法"马"字犹如一匹驰骋的骏马，有"马到成功"之意，也表达了恩施人民以"龙马精神"举办一届属于中国的，也属于世界的旅游节的强烈愿望。

在明信片的正面，印上土家族的图腾"白虎"图案，突出地方民族特色，背面主色调为绿色，富有生命活力，抒发了少数民族面向未来、追求可持续发展的创造激情。

因此我们可以选用本次活动的会徽作为明信片的邮票图案，把与科罗拉多大峡谷相媲美的沐抚大峡谷作为明信片背面的主体图，配上徽标增添喜庆气氛，再添加上邀约世界宾客的主题文字，明信片的特色就更加鲜明。

中国标准邮资明信片规格统一为 165 mm×102 mm。当然，并没有硬性的规定，不必拘泥于此，可以根据自己的需要适当改变尺寸，要知道，明信片的风格和尺寸有着密切的关系。有了上述构思，使用 Photoshop CC 2019 软件设计与制作一张明信片，制作难度较低。

 任务准备

1. 了解颜色模式

颜色模式决定了用来显示或打印所处理图像的颜色的方法，Photoshop 的颜色模式基于颜色模型（一种描述颜色的数值方法）。选择某种特定的颜色模式，就相当于选用某种特定的颜色模型。当创建新文件时，在"新建文档"对话框中可以根据所处理图像的不同用途选择颜色模式，比如用计算机屏幕显示的图像一般选 RGB 颜色模式，用于印刷就会选择 CMYK 颜色模式。

（1）位图颜色模式。位图颜色模式的图像只包含纯黑和纯白两种颜色，适合制作艺术样式或用于创作单色图形。彩色图像转换为位图模式时，像素中的色相、饱和度信息就会被删除，只保留亮度信息，如图 2-4-2 所示。

RGB颜色模式　　　　　　　　　　　　位图颜色模式

图 2-4-2　位图颜色模式

（2）灰度颜色模式。灰度颜色模式可以使用多达 256 级灰度来表现图像，使图像的过渡更平滑细腻。灰度图像的每个像素有一个 0（黑色）～ 255（白色）之间的亮度值。灰度值也可以用黑色油墨覆盖的百分比来表示（0% 等于白色，100% 等于黑色）。使用黑白或灰度扫描仪产生的图像常以灰度显示，黑白版图书中的图像也就是灰度效果，如图 2-4-3 所示。

RGB颜色模式　　　　　　　　　　　灰度颜色模式

图 2-4-3　灰度颜色模式图

（3）RGB 颜色模式。RGB 颜色模式是一种用于屏幕显示的颜色模式，R 代表红色，G 代表绿色，B 代表蓝色。在 24 位图像中，每一种颜色都有 256 种亮度值，因此，RGB 颜色模式可以重现 1 670 万（256×256×256）种颜色。

（4）CMYK 颜色模式。CMYK 颜色模式主要用于打印机输出图像，C 代表青色，M 代表品红色，Y 代表黄色，K 代表黑色。在 CMYK 颜色模式下，可以为每个像素的每种印刷油墨指定一个百分比值。CMYK 颜色模式的色域比 RGB 颜色模式小，只有在制作用于印刷的图像时才使用 CMYK 颜色模式，如图 2-4-4 所示。

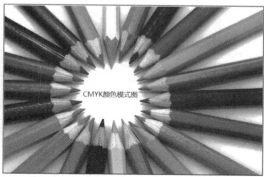

RGB颜色模式图　　　　　　　　　　CMYK颜色模式图

图 2-4-4　RGB 与 CMYK 颜色模式效果比较

（5）Lab 颜色模式。Lab 颜色模式是 Photoshop 进行颜色模式转换时使用的中间模式。例如将 RGB 颜色模式的图像转换为 CMYK 颜色模式时，Photoshop 会在内部先将其转换为 Lab 颜色模式，再由 Lab 颜色模式转换为 CMYK 颜色模式。Lab 颜色模式的色域最宽，它涵盖了 RGB 颜色模式和 CMYK 颜色模式的色域。在 Lab 颜色模式中，L 代表亮度分量，它的取值范围为 0～100；a 代表绿色到红色的光谱变化；b 代表由蓝色到黄色的色谱变化。颜色分量 a 和 b 的取值范围均为 +127～-128。

2. 了解图层蒙版

在传统照相中，蒙版是用来控制照片不同区域曝光的技术。在用计算机处理图像以前，摄影师通过多倍放大镜和传统的处理黑白相片的暗房，将不同底片上的影像叠加在一张画面上，实现拼图的效果。

Photoshop 软件中的蒙版用来控制图像的显示区域。当使用蒙版时，可以隐藏不想显示的区域，但并不是将没有显示的内容从图像区域中删除。蒙版是处理图像，特别是拼合图像的一项重要的技术。

Photoshop 软件提供了三种类型的蒙版，即图层蒙版、剪贴蒙版和矢量蒙版。图层蒙版通过蒙版中的灰度信息来控制图像的显示区域；剪贴蒙版通过一个对象的形状来控制其他图层的显示区域；矢量蒙版通过路径和矢量形状来控制图像的显示区域。

图层蒙版是一个 256 级色阶的灰度图像，它蒙在图层上面，起到遮盖图层的作用，然而其本身并不可见，如图 2-4-5 所示。从图中可以发现：图层蒙版可以理解为在当前图层上面覆盖一层玻璃片，这种玻璃片有透明的、半透明的或完全不透明的区域。然后用各种绘图工具在蒙版（即玻璃片）上涂色（只能涂黑白灰色），涂黑色的地方蒙版变为透明的，看不见当前图层的图像。涂白色则使涂色部分变为不透明，可看到当前图层上的图像，涂灰色使蒙版变为半透明，透明的程度由涂色的灰度深浅决定。基于蒙版的特点，用户在处理图像时，若想隐藏图像的某些区域时，为它添加一个蒙版，再将相应的区域涂黑即可，若想图像呈现出半透明效果，可以将蒙版涂成灰色。

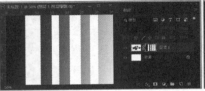

| 图层中的图像 | 图层蒙版中的图像 | 添加图层蒙版的效果 |

图 2-4-5　图层蒙版效果

 任务实施

1.　抠出"旅游节徽标"图

（1）启动 Photoshop CC 2019，进入操作界面。

（2）单击"文件"→"打开"命令。

（3）在"打开"对话框中选择"素材 3"图像文件。

（4）单击"打开"按钮，打开文件，如图 2-4-6 所示。

图 2-4-6　"打开"对话框

（5）单击"图像"→"模式"→"CMYK 颜色"命令，转换图像颜色模式，如图 2-4-7 所示。

小提示

"素材 3"图像文件为 GIF 格式文件，颜色模式默认为索引颜色模式。为了便于图像的编辑与处理，需要将颜色模式改为 CMYK 颜色模式。

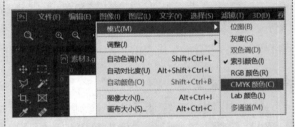

图 2-4-7　转换图像颜色模式

（6）双击"背景"图层，打开"新建图层"对话框。

（7）单击"确定"按钮，将"背景"图层转换为普通图层，如图2-4-8所示。

> **小提示**
>
> 将"背景"图层转换为普通图层后，便于编辑图像。

图 2-4-8 转换图层

（8）单击工具箱中的"魔棒工具"按钮，选择"魔棒工具"。

（9）单击文档窗口中白色区域，建立选区。

（10）按〈Delete〉键，删除选区内容，如图2-4-9所示。

（11）单击"文件"→"存储为"命令，将文件保存为TIF格式文件。

图 2-4-9 删除选区内容

2. 制作明信片背景

（1）按〈Ctrl〉+〈N〉键，创建新文件。

（2）在"新建文档"对话框的"名称"文本框中输入"中国恩施年度旅游节"。

（3）在"宽度"和"高度"文本框中分别输入"330"和"102"，单位均选择"毫米"。

（4）在"分辨率"文本框中输入"300"，单位选择"像素/英寸"。

（5）在"颜色模式"下拉列表框中选择"CMYK颜色"。

（6）单击"创建"按钮，如图2-4-10所示。

图 2-4-10 新建文件

（7）单击"视图"→"标尺"命令。

（8）单击"视图"→"新建参考线"命令。

（9）在"新建参考线"对话框"位置"文本框中输入"16.5"。

（10）单击"确定"按钮，如图2-4-11所示。

> **小提示**
>
> 本明信片是正面和背面设计在一张图中，"标尺"和"参考线"辅助工具可以精确划清正面与背面界线。

图 2-4-11 添加参考线

（11）单击"文件"→"置入嵌入对象"命令。

（12）在"置入嵌入的对象"对话框中选择"素材 2"图像文件。

（13）单击"置入"按钮。

（14）按〈Enter〉键确定置入文件，如图 2-4-12 所示。

> **小提示**
>
> 采取同样的方法，将"素材 4"文件置入到文档中，注意调整大小与位置。

3. 处理修饰图

（1）单击"文件"→"置入嵌入对象"命令。

（2）在"置入嵌入的对象"对话框中选择"素材 1"图像文件。

（3）置入处理过的"素材 1"图像文件。

（4）拖动控制点调整大小与位置，按〈Enter〉键确定置入，如图 2-4-13 所示。

图 2-4-12　置入文件

图 2-4-13　置入文件

（5）鼠标右键单击"图层"面板中的"素材 1"图层。

（6）选择"栅格化图层"命令。

（7）单击"图层"面板下方的"添加图层蒙版"按钮，给"素材 1"添加图层蒙版，如图 2-4-14 所示。

（8）单击工具箱中的"画笔工具"按钮，选择"画笔工具"。

（9）在工具选项栏中单击"画笔面板"按钮，展开"画笔"面板。

（10）选择"喷溅 ktw3"画笔笔尖，如图 2-4-15 所示。

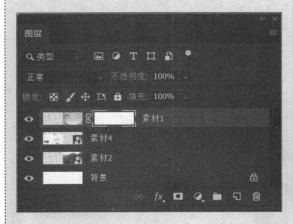

图 2-4-14　创建蒙版图层

图 2-4-15　设置画笔笔尖

（11）使用"画笔工具"在文档窗口来回涂抹，如图2-4-16所示。

小提示

在蒙版图层涂抹黑色即可以显示下一图层内容，涂抹白色显示本图层的内容。因此，在涂抹蒙版图层时，可以交换前景色和背景色，反复涂抹可以得到较为理想的效果。

图2-4-16　涂抹蒙版图层

（4）单击工具箱中的"魔棒工具"按钮。

（5）取消选择工具选项栏中"连续"复选按钮。

（6）单击文档窗口图像的橙色部分，建立选区。

（7）单击"编辑"→"定义画笔预设"命令，如图2-4-18所示。

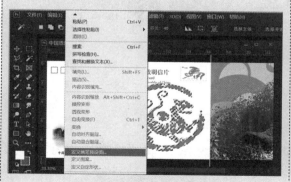

图2-4-18　定义画笔预设

4. 添加"图腾"图像

（1）单击"文件"→"打开"命令。

（2）选择"素材5"图像文件，如图2-4-17所示。

（3）单击"置入"按钮，打开文件。

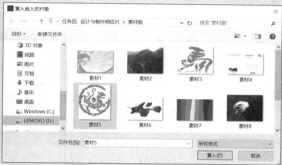

图2-4-17　打开文件

（8）单击"图层"面板中的"创建新图层"按钮，创建新图层。

（9）在画笔工具选项栏单击"画笔面板"按钮，展开"画笔"面板，选择刚定义的画笔笔尖。

（10）在"大小"文本框中输入"600"，在"不透明度"文本框中输入"46"。

（11）在文档窗口中单击，如图2-4-19所示。

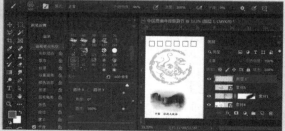

图2-4-19　绘制"图腾"

5. 添加徽标和文字

（1）单击"文件"→"置入嵌入对象"命令。

（2）选择处理过的"徽标"文件，调整大小与位置，按〈Enter〉键，确定置入。

（3）双击"徽标"图层，打开"图层样式"对话框。

（4）选择"描边"样式，在"大小"文本框中输入"15"，将"颜色"设置为白色（#ffffff），如图 2-4-20 所示。

（5）单击"确定"按钮。

图 2-4-20　添加图层样式

（6）单击工具箱中的"横排文字工具"按钮。

（7）在工具选项栏"字体"下拉列表框中选择"方正粗倩简体"，在"字号"文本框中输入"18 点"，将"颜色"设置为红色（#ed2224）。

（8）单击图像，输入"欢迎光临恩施旅游节"文本，如图 2-4-21 所示。

图 2-4-21　输入文本

（9）双击"文字"图层进入"图层样式"对话框。

（10）勾选"描边"图层样式。

（11）在"大小"文本框中输入"8"，将"颜色"设置为白色（#ffffff），如图 2-4-22 所示。

（12）单击"确定"按钮。

 小提示

　　至此，一张明信片的制作基本完成，请根据效果，调整个别元素即可。

图 2-4-22　添加图层样式

任务拓展

1. 认识画笔工具

　　"画笔工具" 类似于传统的毛笔，它使用前景色绘制线条。画笔不仅能够绘制图画，还可以修改蒙版和通道。操作时，选择"画笔工具"后，还可以设置其工具选项栏相关选项，如图 2-4-23 所示。

图 2-4-23　"画笔工具"选项栏

　　（1）画笔预设。单击"画笔"选项右侧的按钮，可以打开"画笔预设"面板，在面板中可以选择画笔笔尖，设置画笔的大小和硬度等参数，如图2-4-24所示。

（2）切换"画笔"面板。单击"画笔面板"复选按钮可以打开或关闭"画笔"面板。

（3）模式。在"模式"下拉列表框中可以选择画笔笔迹颜色与下面的像素的混合模式。

（4）不透明度。不透明度用来设置画笔的不透明度，该值越低，线条的透明度越高，反之线条的透明度越低，如图2-4-25所示。

图2-4-24 "画笔预设"面板

图2-4-25 不透明度设置效果

（5）流量。流量用来设置当光标（画笔笔尖）移动到某个区域上方时应用颜色的速率。在某个区域上方涂抹时，如果一直按住鼠标左键，颜色将根据流动的速率增加，直到达到不透明度设置为止。

（6）喷枪。单击"喷枪"按钮 ，可以启用喷枪功能。软件会根据鼠标按键的单击程度确定画笔线条的填充数量。未启用"喷枪"时，鼠标每单击一次便填充一次线条；启用"喷枪"后，按住鼠标左键不放，便可以持续填充线条，如图2-4-26所示。

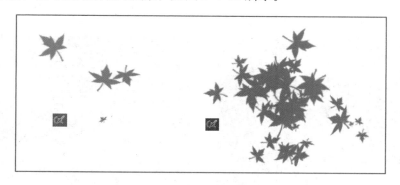

图2-4-26 喷枪绘制效果

（7）绘图压力控制。当使用数位绘画板绘画时，单击"绘图压力控制"按钮 ，绘图压力可覆盖"画笔"面板中的不透明度和大小设置。

（8）平滑选项。在使用画笔绘画时，选择平滑选项可以对画笔描边等进行智能平滑，包括拉绳模式、描边补齐、补齐描边末端、调整缩放等选项。选择"拉绳模式"选项绘画时，在绳线的引导下，线条更加流畅，绘画的可控性大大增强，尤其绘制折线变得更加容易；选择"描边补齐"选项绘画时，当快速拖曳鼠标至某一点时，只要按住鼠标不放，线条就会沿着拉绳慢慢地追随过来，直至到达光标所在处，松开鼠标，线条则会停止追随；选择"补齐描边末端"选项绘画时，在线条沿着追随的过程中放开鼠标按键时，线条不会停止，而是迅速到达光标所在的位置；选择"调整缩放"选项绘画时，可以调整平滑，防止抖动描边，即放大文件时减小平滑，缩小文件时增加平滑。

（9）对称绘画。单击"对称绘画"下拉按钮，可以选择一种对称类型（对称路径）绘画，在路径一侧绘画时，路径另一侧会自动生成对称图形，如图 2-4-27 所示。

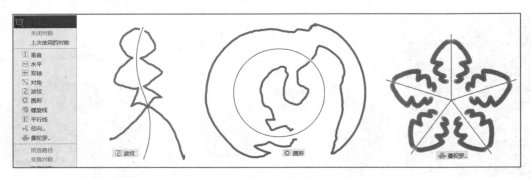

图 2-4-27　对称绘画效果

2. 了解"画笔"面板

"画笔"面板是最重要的面板之一，它可以设置绘画工具（包括画笔、铅笔、历史记录画笔等）的笔尖种类、画笔大小和硬度。同时，用户还可以创建画笔笔尖。操作时，单击"窗口"→"画笔设置"命令或单击"画笔工具"选项栏中的"切换画笔面板"按钮，打开"画笔设置"面板，如图 2-4-28 所示。

（1）画笔。单击"画笔"按钮，打开"画笔"面板，如图 2-4-29 所示。在"画笔"面板中提供了诸如大小、硬度等定义的特性，用户使用绘画或修饰的工具时，如果选择一个预设的笔尖，并只需要调整画笔的大小和硬度即可在文档窗口中绘制图形。

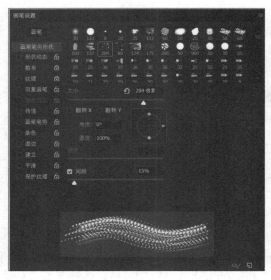

图 2-4-28　"画笔设置"面板

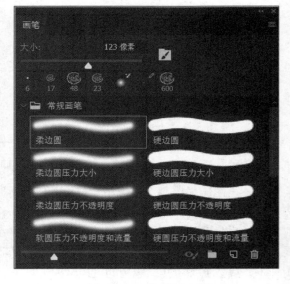

图 2-4-29　"画笔"面板

① 大小。拖动滑块或在"大小"文本框中输入数值调整画笔的大小。

② 硬度。用来设置画笔笔尖的硬度。

③ 创建新的预设。单击"创建新的预设"按钮，打开"新建画笔"对话框，输入画笔的名称后，单击"确定"按钮，将当前画笔保存为一个预设的画笔，如图 2-4-30 所示。

图 2-4-30 "新建画笔"对话框

④ 编辑画笔库。单击"画笔"面板右上角的按钮，展开可以编辑画笔名称、添加画笔预设等设置的面板菜单，如图 2-4-31 所示。

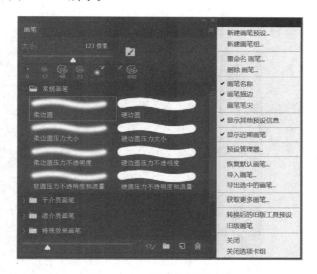

图 2-4-31 "画笔"面板菜单

（2）画笔笔尖形状。Photoshop 软件提供了圆形笔尖、笔刷笔尖和图像样本笔尖这 3 种类型的画笔笔尖，如图 2-4-32 所示。圆形笔尖包含尖角、柔角、实边和柔边等几种样式。用尖角和实边笔尖绘制的线条具有清晰的边缘，而用柔角和柔边绘制的线条呈现出柔和、渐变的边缘效果，如图 2-4-33 所示。

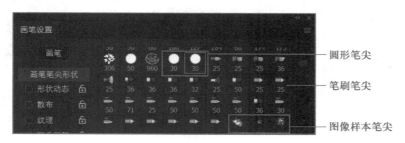

图 2-4-32 笔尖样本

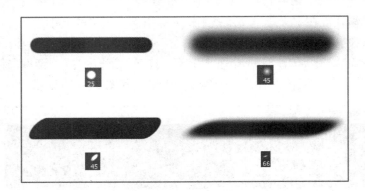

图 2-4-33　笔尖样式效果

选择某一笔尖后，可以在其下的参数对话框中设置相关参数，改变笔尖大小、角度、圆度、硬度和间距等。

（3）形状动态。"形状动态"决定了描边中画笔的笔迹如何变化，可以使画笔的大小、圆度等产生随机变化，如图 2-4-34 所示。

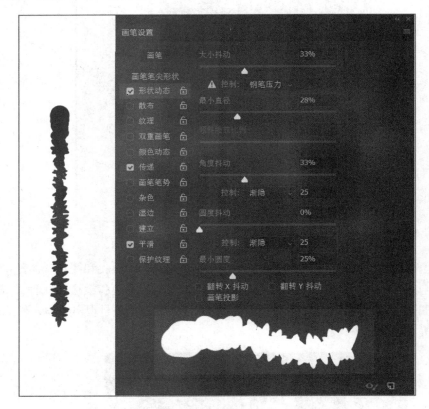

图 2-4-34　设置"形状动态"选项

（4）散布。"散布"决定了描边画笔的笔迹数量和位置，使笔迹沿绘制的线条扩散，如图 2-4-35 所示。

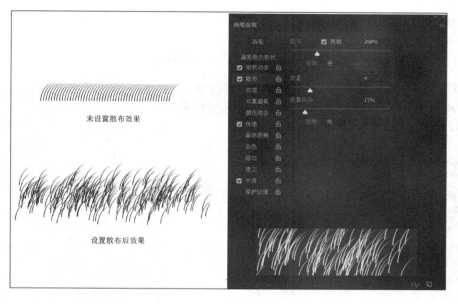

图 2-4-35 设置"散布"选项

（5）纹理。在使用画笔绘制线条时，如果要使线条像是在有纹理的画布上绘制的一样，可以单击纹理图案右侧的下拉按钮，选择一种图案，将其添加到描边中，如图 2-4-36 所示。

（6）双重画笔。"双重画笔"是指让描绘的线条中呈现出两种画笔笔尖效果。在使用时，先在"画笔笔尖形状"中选择主画笔笔尖，然后在"双重画笔"中选择另一个笔尖，即可在文档窗口中绘制出双重画笔效果，如图 2-4-37 所示。

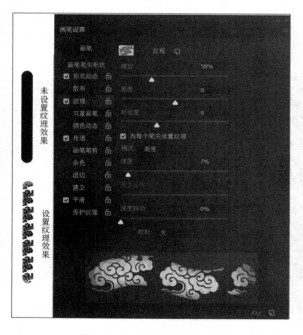

图 2-4-36 设置"纹理"选项

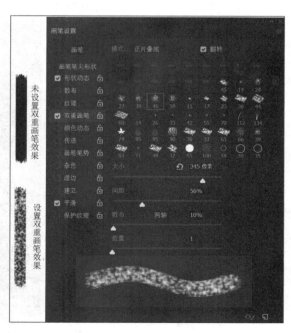

图 2-4-37 设置"双重画笔"选项

（7）颜色动态。使用"颜色动态"设置，可以使绘制出的线条产生颜色、饱和度、明度等效果，如图 2-4-38 所示。

（8）传递。"传递"用来设置油彩在描边路线中的改变方式，如图 2-4-39 所示。

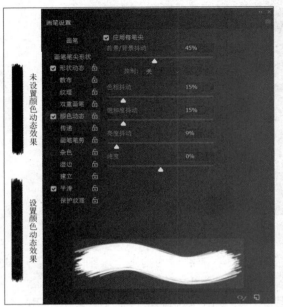

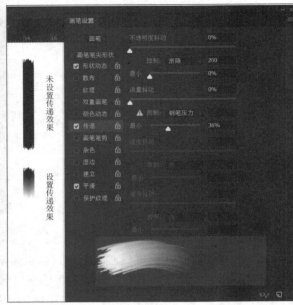

图 2-4-38　设置"颜色动态"选项　　　　　　　　　图 2-4-39　设置"传递"选项

（9）画笔笔势。"画笔笔势"用来调整毛刷画笔笔尖，侵蚀画笔笔尖的角度，如图 2-4-40 所示。

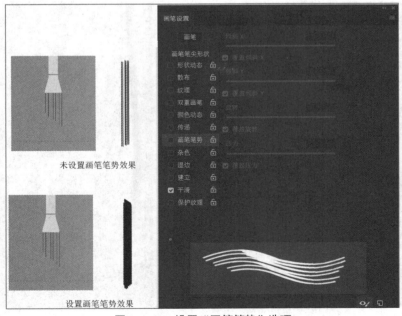

图 2-4-40　设置"画笔笔势"选项

在"画笔设置"面板中还有"杂色""湿边""建立""平滑"和"保护纹理"等选项，用户可以根据图像的处理需要进行选择与设置。在"画笔设置"面板中可以同时选择多个选项，也可以选择单个选项，进行设置、应用。

3. 认识铅笔工具

"铅笔工具" 📝 与"画笔工具"一样，都是使用前景色来绘制线条的工具。它与"画笔工具"的区别："画笔工具"可以绘制带有柔边效果的线条，而"铅笔工具"只能绘制硬边效果的线条。选择"铅笔工具"后，其选项栏上，除了"自动涂抹" 🔲 功能外，其他选项与"画笔工具"相同，如图2-4-41所示。单击"自动涂抹"复选按钮，拖动鼠标时，若光标的中心在包含前景色的区域上，可将该区域涂抹成为背景色，若光标中心在不包含前景色的区域上，则可将该区域涂抹成前景色，如图2-4-42所示。

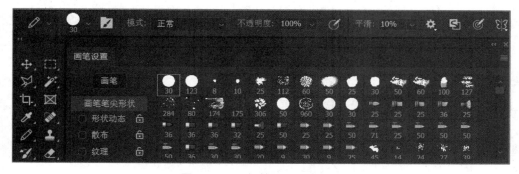

图2-4-41 "铅笔工具"选项栏

选择"自动涂抹"

取消"自动涂抹"

图2-4-42 自动涂抹效果

当前比较流行的像素画需要有较明显的锯齿效果，而使用"铅笔工具"即可实现。

4. 自动替换颜色工具

颜色替换工具可以用前景色替换图像中的颜色。在操作的过程中，单击工具箱中的"颜色替换工具"按钮 ，设置工具选项栏相关参数，如图2-4-43所示，即可替换文档窗口中图像的颜色。

图 2-4-43 "颜色替换工具"选项栏

（1）模式。"模式"下拉列表框用来设置可以替换的颜色属性，包括"色相""饱和度""颜色"和"明度"等选项，默认选项为"颜色"，但可以同时替换色相、饱和度和明度。

（2）取样。"取样"工具用来设置颜色取样的方式。按下"连续"按钮，在拖动鼠标时可连续取样；按下"一次"按钮，只替换鼠标第一次单击的颜色区域中的目标颜色；按下"背景色板"按钮，只替换包含当前背景色的区域。

（3）限制。"限制"下拉列表框用来设置颜色替换的方式。选择"不连续"选项，可替换出现在光标下任何位置的样本颜色；选择"连续"选项，可以替换与光标下的颜色邻近的颜色；选择"查找边缘"选项，可以替换包含样本颜色的连接区域，同时保留形状边缘的锐化程度。

（4）容差。"容差"用来设置工具的容差。"颜色替换工具"只替换鼠标单击点颜色容差范围内的颜色，因此，该值越高，包含的颜色范围越广。

（5）消除锯齿。启用该选项，可以为校正的区域定义平滑的边缘，从而消除锯齿。

5. 使用"替换颜色工具"改变花的颜色

（1）打开"素材6"图像文件。

（2）右键单击"背景"图层，选择"复制图层"命令，复制图层。

（3）单击工具箱中的"颜色替换工具"按钮。

（4）在工具选项栏中将笔尖大小设置为"150"，在"限制"下拉列表框中选取"不连续"选项，在"容差"文本框中输入"30%"，如图2-4-44所示。

（5）单击工具箱中的"设置前景色"按钮。

（6）在"拾色器（前景色）"对话框中选取紫色（#b700ff）。

（7）单击"确定"按钮。

（8）将鼠标指针移动到图像中的红色花瓣上，"+"光标中心点对准需要替换颜色的位置，单击左键并拖动鼠标即可替换颜色，如图2-4-45所示。

> 🔔 小提示
>
> "颜色替换工具"的使用需要耐心细致，否则，操作效果欠佳。

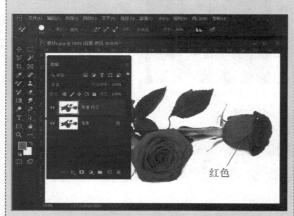

图 2-4-44 设置工具选项栏

图 2-4-45 替换颜色

6. 混合器画笔工具

"混合器画笔工具"可以混合像素，它能模拟真实的绘画技术，如混合画布上的颜色、组合画笔上的颜色以及在描边过程中使用不同的绘画湿度。"混合器画笔工具"有两个绘画色管（即一个储槽和一个拾取器）。储槽存储最终应用于画布的颜色，并且具有较多的油彩容量。拾取色管接收来自画布的油彩，其内容与画布颜色是连续混合的。混合器画笔工具选项栏如图 2-4-46 所示。

图 2-4-46 "混合器画笔工具"选项栏

（1）当前画笔载入。单击"当前画笔载入"下拉列表框，有"载入画笔""清理画笔"和"只载入纯色"几个选项。选择"载入画笔"选项时，可以拾取光标下方的图像，如图 2-4-47 所示。此时画笔笔尖可以反映取样区域中的任何颜色变化；选择"只载入纯色"选项时，则可以拾取单色，如图 2-4-48 所示。无论是拾取图案还是纯色，都需要按 Alt 键的同时使用鼠标单击该区域。如果需要消除画笔中的颜色，可以选择"清理画笔"选项即可。

图 2-4-47 拾取图案画笔

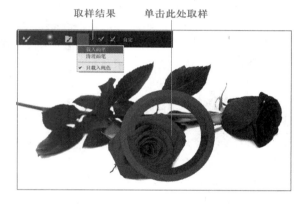

图 2-4-48 拾取纯色画笔

（2）预设。软件预设了"干燥""湿润""潮湿"和"非常潮湿"等画笔组合，选择不同的选项，会得到不同的效果，如图 2-4-49 所示。

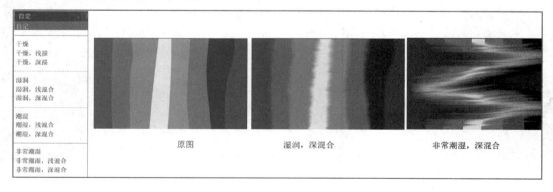

图 2-4-49 预设效果

（3）自动载入/清理。按下"自动载入"按钮 ，可以使光标上的颜色与前景色混合；按下"清理"按钮 可以清理颜色。如果要在每次描边后执行这些任务，可以按下这两个按钮，其效果如图2-4-50所示。

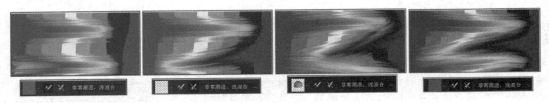

图 2-4-50　自动载入和清理选项组合使用效果

（4）潮湿。"潮湿"用来控制画笔从画布拾取的颜色量，较高的设置会产生较长的绘画笔迹。

（5）载入。"载入"用来指定储槽中载入的颜色量。载入速率较低时，绘画描边干燥的速度会更快。

（6）混合。"混合"用来控制画布颜色量与储槽颜色量的比例。比例为100%时，所有颜色将从画布中拾取，比例为0%时，所有颜色都来自储槽。

（7）流量。"流量"用来设置当前光标移动到某个区域上方时应用颜色的速率。

（8）喷枪。选择"喷枪"复选按钮 后，按住鼠标左键不松（不移动）可增大颜色值。

（9）设置描边平滑度。"设置描边平滑度" 可以减少描边的抖动。

（10）对所有图层取样。用于拾取所有图层中的画面颜色。

7. 从选区中生成蒙版

（1）分别打开"素材8"和"素材9"文件。

（2）单击"窗口"→"排列"→"双联垂直"命令，排列文档窗口，如图2-4-51所示。

（3）单击"素材9"文档窗口中的图像并拖动到"素材8"文档窗口中。

（4）单击工具箱中的"快速选择工具"按钮。

（5）在工具选项栏将画笔大小设置为"35像素"。

（6）在文档窗口中选择除了"鹰"以外的区域，建立选区，如图2-4-52所示。

图 2-4-51　打开图像

图 2-4-52　创建选区

（7）单击"选择"→"修改"→"平滑"命令。

（8）在"平滑选区"对话框的"取样半径"文本框中输入"4"，单击"确定"按钮。

（9）单击"选择"→"反向"命令。

（10）单击"图层"面板上的"添加图层蒙版"按钮，建立图层蒙版，如图 2-4-53 所示。

图 2-4-53　创建图层蒙版

8. 了解蒙版的属性

图层蒙版的"属性"面板用于调整所选图层中的图层蒙版和矢量蒙版的不透明度、羽化范围等，如图 2-4-54 所示。

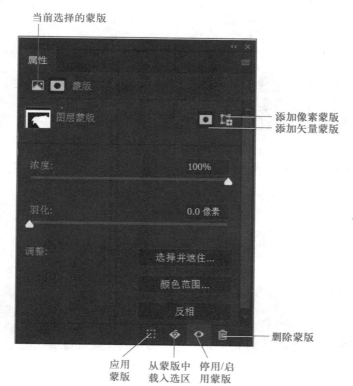

图 2-4-54　"属性"面板

（1）当前选择的蒙版。当前选择的蒙版显示"图层"面板中选择的蒙版及其类型，如图 2-4-55 所示，在"属性"面板中进行编辑。

图 2-4-55　当前蒙版

（2）添加像素蒙版 / 添加矢量蒙版。单击"添加像素蒙版"按钮▣，可以为当前图层添加图层蒙版；单击"添加矢量蒙版"按钮▣，则可以为当前图层添加矢量蒙版。

（3）浓度。拖动滑块可以控制蒙版的不透明度，即蒙版的遮盖强度，如图 2-4-56 所示。

图 2-4-56　设置浓度

（4）羽化。拖动滑块可以柔化蒙版的边缘，如图 2-4-57 所示。

图 2-4-57　设置羽化

（5）选择并遮住。单击该按钮，可以打开"属性"面板，在该面板中可以修改蒙版边缘，如图 2-4-58 所示。

图 2-4-58　设置蒙版边缘

（6）颜色范围。单击该按钮，可以打开"色彩范围"对话框，此时可在图像中取样并调整颜色容差来修改蒙版范围。

（7）反相。可以反转蒙版的遮盖区域，如图 2-4-59 所示。

图 2-4-59　反相蒙版

（8）从蒙版中载入选区。单击"从蒙版中载入选区"按钮，可以载入蒙版中包含的选区。

（9）应用蒙版。单击"应用蒙版"按钮，可以将蒙版应用到图像中，同时删除被蒙版遮盖的图像。

（10）停用 / 启用蒙版。单击"停用 / 启用蒙版"按钮，或按住〈Shift〉键单击蒙版的缩览图，可以停用或启用蒙版。停用蒙版时，蒙版缩览图上会出现一个红色的"×"。

（11）删除蒙版。单击"删除蒙版"按钮，可以删除当前蒙版。将蒙版缩览图拖到"图层"

面板下方的"删除图层"按钮，同样可以删除蒙版图层。

思考练习

1. 在图层蒙版中，纯白色对应的下一层图像是（   ）的，纯黑色对应的下层图像是（   ）的。

    A．可见，不可见   B．可见，可见   C．不可见，可见

2. 根据图像的不同用途需要选择合适的颜色模式，若处理的图像需要制作成印刷品时，应该选择（   ）颜色模式。

    A．RGB   B．CMYK   C．Lab

3. 使用 Photoshop 软件中的工具，尝试制作一张明信片。

活动评价

在完成本次任务的过程中，我们学会了使用 Photoshop 软件设计、制作明信片，请对照表 2-4-1 进行评价与总结。

表 2-4-1　活动评价表

评 价 指 标	评 价 结 果	备　注
1．能够正确使用"画笔工具"	□A □B □C □D	
2．能够根据需要创建蒙版图层	□A □B □C □D	
3．能够根据需要设置"画笔工具"	□A □B □C □D	
4．能够设计与制作一张明信片	□A □B □C □D	
综合评价：		

项目三 设计与制作户外广告

SECTION 3

sheji yu zhizuo huwai guanggao

随着印刷技术数字化发展，户外广告也成为广告宣传领域的劲旅，迅猛地遍布在城市中心、地铁通道、高速路上……

一般来说，凡是能在露天或公共场合通过广告等表现形式同时向众多消费者进行展示，能达到推销商品目的的都可称为户外广告媒体。户外广告可分为平面广告和立体广告两大类，平面广告有路牌广告、招贴广告、壁墙广告、海报、条幅等，而立体广告分为霓虹灯、广告柱以及广告塔和灯箱广告等。在户外广告中，路牌、招贴是最为常见的两种形式，影响力较大。

户外广告，特别是幅面较大的立柱广告牌一般只是展示某类产品或公司的形象，用其标志性的图标、文字或颜色，使消费者形成一种深刻的印象。具体的画面设计与制作要求大气、美观，富有吸收力。

在本项目中，我们将使用 Photoshop CC 2019 软件的基本技术，设计与制作不同产品的户外广告，进一步学习 Photoshop CC 2019 软件强大的图形图像处理功能。

 ## 项目目标

1. 熟练操作图层。
2. 学会运用通道处理图像。
3. 学会运用路径处理图像。
4. 掌握渐变、图形等工具的使用。

 ## 项目分解

任务一 设计与制作移动通信户外广告

sheji yu zhizuo yidong tongxin huwai guanggao

 任务描述

通信技术的快速发展，给人们生活、学习和工作带来极大的便捷。通信公司为了争取更多客户，宣传其公司形象、产品，是赢得客户的重要手段。

在高速公路、公园、广场都会看到中国移动通信的巨幅广告。在本任务中，我们使用Photoshop CC 2019 软件，设计、制作一幅移动通信户外广告，如图3-1-1所示。

图 3-1-1 移动通信户外广告效果

 任务分析

5G 作为一种新的通信技术，无论通信公司的规模如何，都能够在其中做足宣传的"文章"，关键就是看谁的创意好、谁的设计更有新意。中国移动通信公司使用中国毛笔书法书写"G"字母，在红色的圆中镂空呈现"5"字，很好地诠释了"5G"技术，迎得了中国消费者的认同。创造性地提出"引领5G生活"广告语，给消费者传递了两个信息：一是中国移动通信是5G通信技术的引领者；二是5G是生活中不可缺少的技术工具。同时，使用紫、橙、绿、蓝四色诠释5G技术领域的多种功能和引领消费者的生活更加丰富多彩。

整幅广告的设计与制作过程简洁、明了。只需要使用Photoshop CC 2019 软件的渐变填充工具、对象变换和合并图层等技术即可完成，制作难度不大。

 任务准备

1. 了解合并图层

使用 Photoshop 软件处理图像的过程中，经常会将多个图层中的对象进行相同的变换处理。因此，将多个图层合并成一个图层后，会提高图像的处理效率。操作时，右键单击"图层"面板中的图层，在菜单中就会出现"向下合并""合并可见图层""拼合图像"等命令，如图3-1-2

所示,使用这些命令就可以进行合并图层的操作。

(1) 向下合并。如果想要将一个图层与它下面的图层合并,可以选择该图层,然后执行"向下合并"命令,或按〈Ctrl〉+〈E〉键。合并后的图像使用下层图层的名称,如图 3-1-3 所示。

 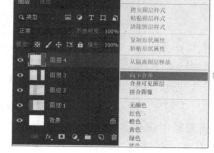 

图 3-1-2　合并图层命令　　　　　　　　　图 3-1-3　向下合并图层

(2) 合并可见图层。如果要合并所有可见图层,可以选择"图层"面板中任意可见的图层,然后执行"合并可见图层"命令,或按〈Shift〉+〈Ctrl〉+〈E〉键,将所有可见图层合并到"背景"图层中,如图 3-1-4 所示。

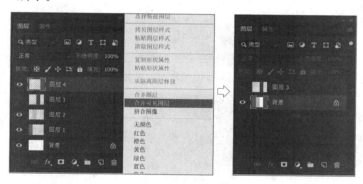

图 3-1-4　合并可见图层

(3) 拼合图像。"拼合图层"命令可以将"图层"面板中的所有图层拼合到"背景"图层中。操作时,执行"拼合图像"命令即可完成,如图 3-1-5 所示。如果"图层"面板中有隐藏图层,则会弹出一个提示,询问是否删除隐藏的图层。

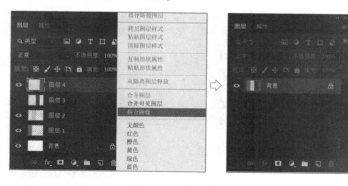

图 3-1-5　拼合图像

小提示

如果用户只想合并"图层"面板中的某几个图层，可以将需要合并的图层选取，然后单击右键，选择"合并图层"命令，可以合并所选择的图层。执行"向下合并"命令，只合并除"背景"图层之外所选择的图层，而"合并图层""合并可见图层"和"拼合图像"命令均可以将普通图层与"背景"图层合并。

2. 认识不透明度

"图层"面板中有"不透明度"和"填充"两个控制图层不透明度的选项。在这两个选项中，"100%"表示完全不透明，"50%"表示半透明，"0%"表示完全透明。

"不透明度"用于控制图层中图像和形状的不透明度，如果对图层应用了图层样式，则图层样式也会受到该项设置的影响，如图 3-1-6 所示。"填充"只用于控制图层中图像和形状，对添加的图层样式不产生影响，如图 3-1-7 所示。

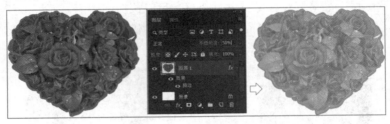

图 3-1-6　设置不透明度效果

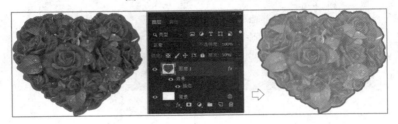

图 3-1-7　设置填充效果

 任务实施

1. 抠取"5G"图标

(1) 启动 Photoshop CC 2019，进入操作界面。

(2) 单击"文件"→"打开"命令。

(3) 打开"素材"文件夹中的"素材 1"文件，如图 3-1-8 所示。

图 3-1-8　打开素材文件

（4）单击工具箱中"快速选择工具"按钮。

（5）单击工具选项栏笔尖下拉列表，笔尖大小设置为"7"。

（6）单击图像中的黑色和红色区域，建立选区，如图 3-1-9 所示。

图 3-1-9　建立选区

2. 创建广告背景

（1）按〈Ctrl〉+〈N〉键，创建新文件。

（2）在"新建文档"对话框中将文件命名为"移动通信广告"。

（3）在"宽度""高度"文本框中分别输入"800""400"，单位选择"像素"。

（4）在"分辨率"文本框中输入"72"，单位选择"像素/英寸"。

（5）在"颜色模式"下拉列表框中选择"CMYK颜色"，如图 3-1-11 所示。

（6）单击"创建"按钮。

小提示

在实际制作过程中，要根据客户的实际需求设置"宽度"和"高度"，"分辨率"最低设置为"300"。

图 3-1-11　"新建文档"对话框

（7）按〈Ctrl〉+〈C〉键，复制选区图像。

（8）按〈Ctrl〉+〈V〉键，粘贴图像。

（9）单击"背景"图层，按〈Delete〉键删除图层，如图 3-1-10 所示。

（10）将图像保存为 .PNG 文件格式，留以备用。

图 3-1-10　删除背景

（7）单击"前景色"按钮，打开"拾色器（前景色）"对话框。

（8）选择"蓝色（0359aa）"。

（9）单击工具箱中"渐变工具"按钮。

（10）在渐变工具选项栏中单击选择"反色"按钮。

（11）在文档窗口下 1/2 处单击并拖动鼠标，填充渐变色背景，如图 3-1-12 所示。

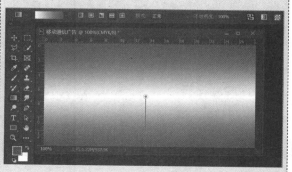

图 3-1-12　填充渐变颜色

3. 绘制彩条

（1）单击"视图"→"新建参考线"命令。

（2）在"新建参考线"对话框中选择"垂直"单选按钮。

（3）在"位置"文本框中输入"7 厘米"，单击"确定"按钮，如图 3-1-13 所示。

> **小提示**
>
> 采取同样的方法，分别在垂直 14 厘米、21 厘米和水平 5 厘米、10 厘米处创建参考线。

图 3-1-13　建立参考线

（9）单击"文件"→"置入"命令，打开"置入"对话框。

（10）选择事先处理好的"5G 图标"文件，导入到文档。

（11）在工具选项栏的"W""H"文本框中均输入"10%"，缩放图像，如图 3-1-15 所示。

图 3-1-15　置入文件

（4）单击"图层"面板"创建新图层"按钮，创建"图层 1"。

（5）单击"矩形选框工具"按钮，选择选框工具。

（6）在垂直参考线"7 厘米"左边，水平参考线"5 厘米"下方创建选区。

（7）设置前景色为"紫色（9f08de）"。

（8）单击工具箱中"油漆桶工具"按钮，填充选区，如图 3-1-14 所示。

> **小提示**
>
> 采取步骤（6）~（9）的方法，分别创建黄（f9eb04）、绿（49b749）、蓝（3151a3）三个色块。

图 3-1-14　填充图像

（12）右键单击"图层"面板中的"5G 图标"图层，选择"复制图层"命令，建立多个图层副本。

（13）调整图层副本中对象的位置，如图 3-1-16 所示。

> **小提示**
>
> 按住〈Alt〉键，鼠标单击并拖动文档窗口中的对象，也可以复制该对象的图层副本。

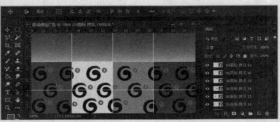

图 3-1-16　复制图层对象

（14）将"5G图标"图层及副本图层全部选中。

（15）单击鼠标右键，选择"合并图层"命令，合并所选择的图层，如图3-1-17所示。

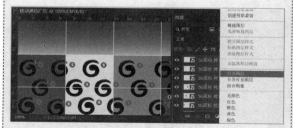

图3-1-17　合并图层

（18）单击工具箱中"移动工具"按钮。

（19）选择工具选项栏中的"显示变换控件"按钮。

（20）按住〈Ctrl〉键，拖动对象变换编辑点，改变图像，如图3-1-19所示。

图3-1-19　变换图像

（4）单击"文件"→"置入嵌入对象"命令。

（5）选择"素材"文件夹中"素材2"图像文件，置入到文档中。

（6）缩放大小，调整图像位置，如图3-1-21所示。

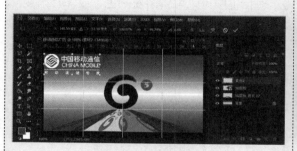

图3-1-21　置入文件

（16）在"图层"面板的"不透明度"文本框中输入"30%"，设置图像不透明度，如图3-1-18所示。

（17）单击右键，选择"向下合并"命令，合并图层。

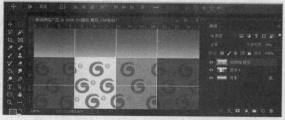

图3-1-18　设置图像不透明度

4. 添加标志和文字

（1）单击"文件"→"置入嵌入对象"命令。

（2）选择事先处理好的"5G图标"图像文件，置入到文档中。

（3）缩放大小，调整图像位置，如图3-1-20所示。

图3-1-20　置入文件

（7）单击工具箱中"文本工具"按钮。

（8）在工具选项栏"字体"下拉列表框中选择"方正粗倩简体"，在"字号"文本框中输入"100点"，设置字号。

（9）单击"设置文本颜色"按钮，选择"白色（ffffff）"。

（10）单击文档窗口，输入"引领5G生活"文本，如图3-1-22所示。

图3-1-22　输入文本

（11）单击"图层"面板下方的"添加图层样式"按钮，勾选"描边"复选框，打开"图层样式"对话框。

（12）在"大小"文本框中输入"4"，设置边宽。

（13）单击"颜色"按钮，选择"红色（ef4323）"，设置边框颜色，如图3-1-23所示。

（14）单击"确定"按钮。

（15）单击"视图"→"显示"→"参考线"命令，取消显示参考线。

（16）添加"客服"信息文本，调整各元素的位置，如图3-1-24所示。

（17）保存文件，完成移动通信广告制作。

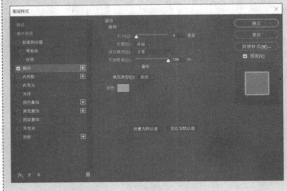

图 3-1-23　设置描边图层样式

图 3-1-24　调整图像元素

1. 认识渐变工具

渐变工具 ■ 用来在整个文档或选区内填充渐变颜色。渐变填充应用非常广泛，不仅可以填充图像，还可以用来填充图层蒙版、快速蒙版和通道等。

选择渐变工具后，需要先在工具选项栏中选择一种渐变类型，并设置渐变颜色和混合模式等选项，如图3-1-25所示，然后再创建渐变填充效果。

图 3-1-25　渐变填充工具选项栏

（1）渐变颜色条。渐变颜色条中显示当前的渐变颜色，单击它右侧的下拉三角按钮，可以打开下拉列表，在列表中选择一个预设的渐变类型，如图3-1-26所示。如果直接单击渐变颜色条，则会弹出"渐变编辑器"对话框，在"渐变编辑器"对话框中可以编辑渐变颜色，或保存渐变。

（2）渐变类型。每一种渐变色填充样式，都有线性渐变、径向渐变、角度渐变、对称渐变和菱形渐变五种类型，其填充效果如图3-1-27所示。

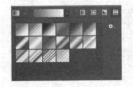

图 3-1-26　渐变面板

图 3-1-27　渐变类型填充效果

（3）模式。用来设置应用渐变的混合模式。

（4）不透明度。用来设置渐变效果的不透明度。

（5）反向⬚。可转换渐变中的颜色顺序，得到反方向的渐变结果。

（6）仿色⬚。选择该复选按钮时，可以使渐变效果更加平滑。主要用于防止打印时出现条化现象，在屏幕上不能明显地体现出作用。

（7）透明区域⬚。选择该按钮时，可创建透明渐变，取消选择即可创建实色渐变效果。

2. 认识渐变编辑器

单击工具选项栏中的"渐变颜色条"，可以打开"渐变编辑器"窗口，如图 3-1-28 所示。

（1）预设。软件默认设置了多种渐变填充类型供用户选择。同时，用户也可以单击右上角⚙下拉三角按钮，打开下拉列表，在列表中选择一个渐变填充类型，然后追加到预设列表中，如图 3-1-29 所示。

（2）名称。每一种渐变填充类型都会根据颜色以一个便于区分的名称命名。用户也可以自定义渐变类型和名称。

（3）渐变类型。单击"预设"中的渐变类型，就会出现在下面的渐变条上。渐变条上就会出现一个或多个色标，单击色标，可以在色标栏设置相关选项，如图 3-1-30 所示。用户还可以在"渐变类型"下拉列表框中选择"实底"或"杂色"类型并设置"平滑度"。

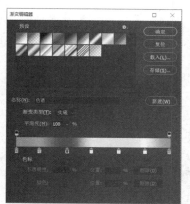

图 3-1-28　渐变编辑器

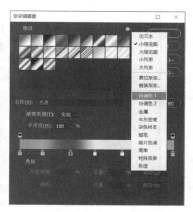

图 3-1-29　添加渐变类型

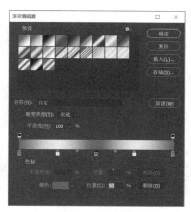

图 3-1-30　渐变类型选项

单击"颜色"右侧的按钮，可以将当前色标的颜色修改为当前的"前景色""背景色"或"用户颜色"，还可以在"位置"文本框中输入当前色标在颜色条上的位置。双击色标或单击"颜色"按钮，可以打开"拾色器（色标颜色）"对话框，如图 3-1-31 所示，在该对话框中修改当前色标颜色。

如果用户需要添加渐变色，单击颜色条可以添加色标。选择多余的色标后，单击"删除"按钮，可以删除色标。

3. 设置杂色渐变

杂色渐变包含指定范围内随机分布的颜色，它的颜色变化效果更加丰富。在"渐变编辑器"对话框的"渐变类型"下拉列表框中选择"杂色"选项，该对话框就会显示杂色渐变选项，如图 3-1-32 所示。

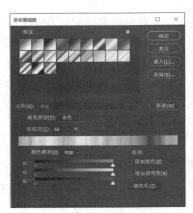

图 3-1-31 "拾色器（色标颜色）"对话框   图 3-1-32 杂色选项

（1）粗糙度。粗糙度用来设置渐变的粗糙程度，该值越高，颜色的层次越丰富，但颜色的过渡越粗糙。

（2）颜色模型。在其下拉列表框中可以选择一种颜色模型来设置渐变，包括 RGB、HSB 和 LAB。每一种颜色模型都有对应的颜色滑块，拖动滑块即可调整渐变颜色。

（3）限制颜色。将颜色限制在可以打印的范围内，防止颜色过于饱和。

（4）增加透明度。可以向渐变中添加透明像素。

（5）随机化。每单击一次该按钮，就会随机生成一个新的渐变颜色。

4. 用杂色渐变制作放射背景

（1）打开"素材"文件夹中的"素材3"图像文件。

（2）单击"图层"面板上"创建新图层"按钮，创建"图层 1"，如图 3-1-33 所示。

（3）单击工具箱中的"渐变填充工具"按钮。

（4）单击工具选项栏中"渐变颜色条"，打开"渐变编辑器"对话框。

（5）在"渐变类型"下拉列表框中选择"杂色"选项。

（6）在"粗糙度"文本框中输入"80%"，如图 3-1-34 所示。

（7）单击"确定"按钮。

图 3-1-33 复制图层

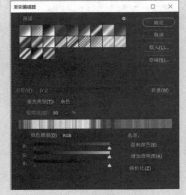

图 3-1-34 设置杂色渐变

（8）单击选择渐变工具栏中"角度渐变"按钮。

（9）鼠标指针单击文档窗口右上角。

（10）单击并拖动鼠标至文档窗口左下角，填充渐变色，如图 3-1-35 所示。

（11）右键单击"背景"图层。

（12）选择"复制图层"命令，创建"背景 拷贝"图层。

（13）单击"背景 拷贝"图层，拖动到"图层 1"之上，如图 3-1-36 所示。

图 3-1-35 填充渐变色

图 3-1-36 复制图层

（14）单击工具箱中的"魔棒工具"按钮，单击"文档窗口"中白色区域，建立选区。

（15）按〈Delete〉键删除选区内容。

（16）单击工具箱中的"移动工具"按钮，勾选"显示定界框"复选框。

（17）按〈Ctrl〉键，手动编辑点，调整图像，如图 3-1-37 所示。

（18）单击"图层"面板上的"背景"图层，选择该图层。

（19）单击"图层"面板上的"创建新图层"按钮，创建"图层 2"图层。

（20）将"前景色"设置为白色。

（21）单击工具箱中的"油漆桶工具"按钮，给文档窗口中填充白色，如图 3-1-38 所示，完成更换背景色。

图 3-1-37 变换图像

图 3-1-38 调整图像

5. 了解图层的编辑

图层是 Photoshop 软件中图像处理的核心。灵活地选择、复制、链接、显示／隐藏图层是提高图像处理效率的重要途径。

（1）选择多个图层。如果用户需要选择多个相邻的图层，单击第一个图层后，按住〈Shift〉键再单击最后一个图层，可以将多个相邻图层选中，如图 3-1-39 所示。如果用户需要选择多个不相邻图层，按住〈Ctrl〉键，单击需要选择的图层即可，如图 3-1-40 所示。

图 3-1-39　选择相邻图层　　　　　　　图 3-1-40　选择不相邻图层

（2）链接图层。在处理图像的过程中，为防止误操作改变多个图层对象的位置，可以使用链接图层的方法，将多图层链接起来。链接图层时，将需要链接的图层全部选中，单击右键，选择"链接图层"命令，可以将所选图层链接起来。建立链接的图层上有一个"链接"图标，如图 3-1-41 所示。

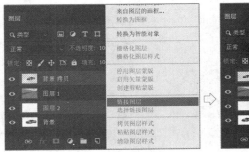

图 3-1-41　链接图层

（3）修改图层的名称和颜色

在图层数量较多的文档中，用户可以为一些重要的图层设置容易识别的名称或用颜色加以区别，以便快速找到相应的图层。如果要修改一个图层的名称，鼠标双击图层的名称，然后在显示的文本中输入新名称，如图 3-1-42 所示。用户还可以设置图层颜色。设置时，选择要设置的图层，单击右键，在弹出的菜单中选择设置的颜色即可，如图 3-1-43 所示。

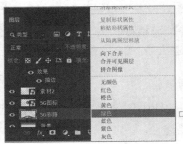

图 3-1-42　修改图层名称　　　　　　　图 3-1-43　设置图层颜色

（4）锁定图层。在"图层"面板中提供了用于保护图层透明区域、图像像素和位置等属性的锁定功能，如图 3-1-44 所示。用户可以根据需要完全锁定或部分锁定图层，以免因编辑操作失误而对图层的内容造成修改。

锁定透明像素后，可以将编辑范围限定在图层的不透明区域，图层的透明区域会受到保护；锁定图像像素后，只能对图层进行移动和变换操作，不能在图层上进行绘画、擦除或应用滤镜等操作；锁定位置后，图层中的对象不能移动，对于设置了精确位置的图像，锁定位置后不必担心被意外移动；锁定全部后，图层不能进行任何操作。执行锁定操作后，在图层上就出现一个"锁"的图标。当图层只有部分属性锁定时，图层名称右侧会出现一个空心的锁状图标，而锁定全部属性后，则会出现实心的锁状图标，如图 3-1-45 所示。

图 3-1-44　锁定选项

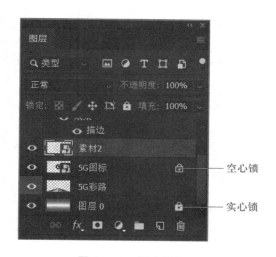

图 3-1-45　锁定图标

思考练习

1. 在图层操作的过程中，使用"锁定位置"后，（　　）。

　A. 可以移动图层，但不能移动图层中的对象

　B. 不能移动图层，也不能移动图层中的对象

　C. 不能移动图层，但能移动图层中的对象

2. "不透明度"是用来设置（　　）。

　A. 图层中所有对象的不透明度　　　　　　B. 图层中填充内容的不透明度

　C. 图层中图层样式的不透明度

3. "渐变填充工具"可以用来填充（　　）。

　A. 图层　　　　　　　B. 图层中的选区　　　　　　C. 图层或图层中的选区

 活动评价

在完成本次任务的过程中，我们学会了使用 Photoshop 软件设计、制作移动通信户外广告，请对照表 3-1-1 进行评价与总结。

表 3-1-1　活动评价表

评 价 指 标	评 价 结 果	备　　注
1．能够正确设置图层的不透明度	□A　□B　□C　□D	
2．能够熟练拼合图层	□A　□B　□C　□D	
3．能够熟练使用"渐变填充工具"	□A　□B　□C　□D	
4．能够设计与制作移动通信户外广告	□A　□B　□C　□D	

综合评价：

设计与制作凉茶户外广告

sheji yu zhizuo liangcha huwai guanggao

 任务描述

硒世宝凉茶是一款天然含硒的绿色凉茶饮料，为了让更多消费者认可，大幅户外广告宣传是一个不错的选择。在炎炎夏日，来一瓶冰爽可口的凉茶当然是一件快乐之事。因此，大幅户外广告的制作要求就是使消费者看到广告就有"望梅止渴"的功效，记住该产品，达到宣传的目的。

在本任务中，我们使用事先准备的素材，使用 Photoshop CC 2019 软件设计、制作一幅凉茶户外广告，如图 3-2-1 所示。

图 3-2-1 凉茶户外广告效果图

 任务分析

本任务提供了冰山背景、饮料瓶模型、产品包装纸等素材，设计时只需将包装纸贴到饮料瓶模型上，制作广告宣传语及处理素材、调整其对象的位置即可完成任务。

使用冰山图作为背景，冰块图像作为画面的前景，将饮料瓶放置在冰块之上，加上宣传标语，给人一种清凉、爽口之感。在整个画面的设计过程中，以冷色调（蓝色）为主，更好突出产品的特性。

整幅广告的设计与制作过程简洁、明了。只需要使用 Photoshop CC 2019 软件的变形、图层样式等工具即可完成。

 任务准备

1. 了解栅格化

如果要使用绘画工具和滤镜编辑文字图层、形状图层、矢量蒙版和智能对象等包含矢量数据的图层，需要先将其栅格化，让图层中的内容转换为光栅图像，然后才能够进行相应的编辑。

操作时，选择需要栅格化的图层，选择"图层"→"栅格化"下拉菜单中的命令即可栅格化图层中的内容，如图 3-2-2 所示。

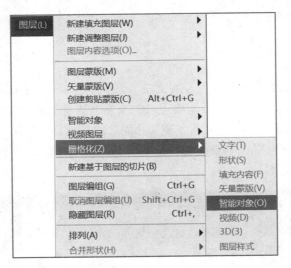

图 3-2-2　"栅格化"命令集

（1）文字。栅格化文字图层，可以使文字变为光栅图像。栅格化后的文字内容就不能再修改字体、字号等设置。

（2）形状 / 填充内容 / 矢量蒙版。执行"形状"命令，可以栅格化形状图层；执行"填充内容"命令，可以栅格化形状图层的填充内容，并基于形状创建矢量蒙版；执行"矢量蒙版"命令，可以栅格化矢量蒙版，将其转换为图层蒙版。

（3）智能对象。栅格化智能对象，可以将其转换为像素。

（4）视频。栅格化视频图层，选定的图层将拼合到"时间轴"面板中选定的当前帧的复合中。

（5）图层样式。栅格化图层样式，将其应用到图层内容中。

（6）图层 / 所有图层。执行"图层"命令，可以栅格化当前选择的图层；执行"所有图层"命令，可以栅格化包含矢量数据、智能对象和生成的数据的所有图层。

（7）3D。栅格化 3D 图层。

2. 转换背景图层

"背景"图层是比较特殊的图层，它始终都在"图层"面板的最底层。在"背景"图层中可以使用绘画工具、滤镜等编辑，但不能调整堆叠顺序，也不能设置不透明度、混合模式。如果需要对"背景"图层进行这些操作，就需要先将其转换为普通图层。在一个文件中可以没有"背景"图层，但最多只能有一个"背景"图层。

操作时，双击"背景"图层，在打开的"新建图层"对话框中可以为转换的图层输入一个名称（默认的名称为"图层 0"），单击"确定"按钮，即可转换为普通图层，如图 3-2-3 所示。

图 3-2-3 转换"背景"图层

任务实施

1. 制作饮料瓶

（1）启动 Photoshop CC 2019，进入操作界面。

（2）单击"文件"→"打开"命令，打开"素材"文件夹中的"素材 2"文件。

（3）双击"背景"图层，打开"新建图层"对话框。

（4）单击"确定"按钮，转换图层，如图 3-2-4 所示。

图 3-2-4 转换"背景"图层

（5）单击工具箱中的"移动工具"按钮。

（6）单击选择工具选项栏中的"显示定界框"按钮。

（7）将鼠标指针移动到文档窗口中图像一角的控制点，等鼠标指针变为可旋转形状，旋转对象。

（8）当工具选项栏"旋转设置"文本框中的参数变为"2"时停止，按〈Enter〉键确认旋转，如图 3-2-5 所示。

图 3-2-5 旋转图层对象

（9）单击"文件"→"置入嵌入对象"命令，打开"置入"对话框。

（10）选择"素材"文件夹中的"素材 1"图像文件，置入到文档窗口。

（11）在"图层混合"下拉列表框中选择"线性加深"模式。

（12）调整图像的大小和位置，如图 3-2-6 所示。

（13）按〈Enter〉键确定置入文件。

图 3-2-6 置入文件

（14）单击"编辑"→"变换"→"变形"命令。

（15）移动变形控制柄，变形图像，如图3-2-7所示。

小提示

在操纵变形控制柄变形图像的过程中，要注意图像变换的透视效果和图案的位置关系。

图 3-2-7　变形图像

（16）单击工具箱中的"魔棒工具"按钮。

（17）在工具选项栏"容差"文本框中输入"10"。

（18）选择"图层0"，鼠标单击文档窗口的空白区域，建立选区，如图3-2-8所示。

图 3-2-8　建立选区

（19）单击工具选项栏中的"选择并遮住"按钮，打开"属性"对话框。

（20）在"平滑"文本框中输入"5"，在"羽化"文本框中输入"2.0 像素"，如图3-2-9所示。

（21）单击"确定"按钮。

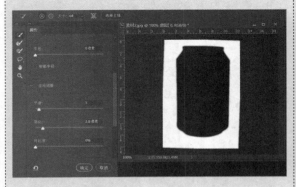

图 3-2-9　调整边缘对话框

（22）按〈Delete〉键删除"图层0"选区中的内容。

（23）右键单击"素材1"图层，选择"栅格化图层"命令，将智能对象栅格化。

（24）按〈Delete〉键删除"素材1"选区中的内容，如图3-2-10所示。

（25）将图像保存为 .PNG 文件格式，留以备用。

图 3-2-10　删除背景

2. 创建广告背景

(1) 按〈Ctrl〉+〈N〉键，创建新文件。

(2) 在"新建文档"对话框中将文件命名为"硒世宝凉茶"。

(3) 在"宽度"和"高度"文本框中分别输入"800"和"500"，单位选择"像素"。

(4) 在"分辨率"文本框中输入"72"，单位选择"像素／英寸"。

(5) 在"颜色模式"下拉列表框中选择"CMYK颜色"，如图 3-2-11 所示。

(6) 单击"确定"按钮。

> **小提示**
>
> 在实际制作过程中，要根据客户的实际需求设置"宽度"和"高度"，"分辨率"最低设置为 300。

图 3-2-11　"新建文档"对话框

(10) 单击"文件"→"置入嵌入对象"命令，打开"置入"对话框。

(11) 将"素材"文件夹中的"素材 4"图像文件导入到文档窗口。

(12) 调整图像的大小，如图 3-2-13 所示。

图 3-2-13　置入文件

(7) 单击"文件"→"置入嵌入对象"命令，打开"置入"对话框。

(8) 将"素材"文件夹中的"素材 3"图像文件导入到文档窗口。

(9) 调整图像的大小，如图 3-2-12 所示。

图 3-2-12　置入文件

3. 添加瓶子

(1) 单击"素材 3"图层。

(2) 单击"文件"→"置入"命令，打开"置入"对话框。

(3) 将"素材"文件夹中的"瓶子"图像文件导入到文档窗口。

(4) 调整图像的大小，如图 3-2-14 所示。

图 3-2-14　建立参考线

（5）单击"图层"面板下方的"添加图层样式"按钮。

（6）选择"外发光"图层样式，打开"图层样式"对话框。

（7）单击"设置发光颜色"按钮，打开"拾色器（设置发光颜色）"对话框，选择"白色（ffffff）"。

（8）在"扩展"文本框中输入"1"，在"大小"文本框中输入"62"，如图 3-2-15 所示。

（9）单击"确定"按钮。

（10）右键单击"瓶子"图层，选择"复制图层"命令，打开"复制图层"对话框，如图 3-2-16 所示。

（11）单击"确定"按钮。

（12）单击"瓶子拷贝"图层，拖动到"瓶子"图层下方。

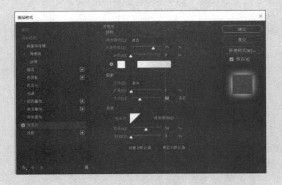

图 3-2-15 "图层样式"对话框

图 3-2-16 "复制图层"对话框

（13）单击工具箱中的"移动工具"按钮。

（14）将鼠标指针移动到文档窗口中图像对象角的边缘，当鼠标指针变为旋转形状后，旋转对象。

（15）当"设置旋转"文本框的参数变为"55"后停止，如图 3-2-17 所示。

4. 添加文字

（1）单击"文本"工具按钮。

（2）在工具选项栏"字体"下拉列表框中选择"方正超粗黑简体"，设置字体。

（3）在"字号"文本框中输入"36 点"。

（4）单击"设置文本颜色"按钮，设置为"白色（ffffff）"。

（5）单击文档窗口，输入"喝了硒世宝凉茶的朋友都说好"文本，如图 3-2-18 所示。

图 3-2-17 调整对象位置

图 3-2-18 输入文本

（6）单击"图层"面板下方的"添加图层样式"按钮。

（7）选择"投影"命令，打开"图层样式"对话框。

（8）在"距离"文本框中输入"1"。

（9）在"大小"文本框中输入"4"，如图 3-2-19 所示。

（10）单击"确定"按钮。

（11）将"硒世宝"文本选中。

（12）在工具选项栏"字体"下拉列表框中选择"草檀斋毛泽东字体"。

（13）单击"设置文本颜色"按钮，设置为"绿色（228e08）"，如图 3-2-20 所示。

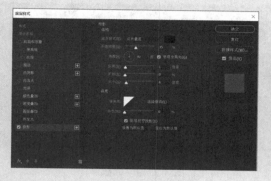

图 3-2-19　设置图层样式

图 3-2-20　改变文本

5. 添加水珠

（1）单击"瓶子"图层。

（2）单击"文件"→"置入"命令。

（3）将"素材"文件夹中的"素材 5"图像文件置入到文档窗口。

（4）调整图像位置与大小，如图 3-2-21 所示。

（5）右键单击"素材 5"图层，选择"复制图层"命令。

（6）调整"素材 5 拷贝"图层中对象位置。

（7）重复（5）～（6）步，复制"素材 5 拷贝 2"，调整图层对象的位置，如图 3-2-22 所示。

（8）保存文件，完成硒世宝凉茶广告的制作。

图 3-2-21　置入图像

图 3-2-22　复制图层

 任务拓展

1. 变换图像

在处理图像的过程中，经常会对图像进行"缩放""旋转""斜切""扭曲""透视"和"变形"等操作。操作时，单击"编辑"→"变换"→"缩放/……"等命令，可以对文档窗口中的图像进行处理，如图 3-2-23 所示。

（1）缩放。单击"编辑"→"变换"→"缩放"命令，将鼠标指针移动到文档窗口的图像边缘，指针就会变成"缩放"状指针 ↗，单击鼠标并移动鼠标即可缩放图像，如图 3-2-24 所示。

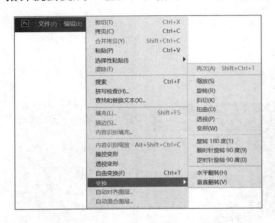

图 3-2-23 "变换"命令

图 3-2-24 缩放操作

（2）旋转。单击"编辑"→"变换"→"旋转"命令，将鼠标指针移动到文档窗口的图像边缘，指针就会变成"旋转"状指针 ↻，单击鼠标并移动鼠标即可旋转图像，如图 3-2-25 所示。

（3）斜切。单击"编辑"→"变换"→"斜切"命令，将鼠标指针移动到文档窗口的图像边缘，指针就会变成"斜切"状指针 ↳，单击鼠标并移动鼠标即可斜切图像，如图 3-2-26 所示。

图 3-2-25 旋转操作

图 3-2-26 斜切操作

（4）扭曲。单击"编辑"→"变换"→"扭曲"命令，将鼠标指针移动到文档窗口的图像边缘，指针就会变成"扭曲"状指针 ▹，单击鼠标并移动鼠标即可扭曲图像，如图 3-2-27 所示。

（5）透视。单击"编辑"→"变换"→"透视"命令，将鼠标指针移动到文档窗口的图像边缘，指针就会变成"透视"状指针 ▹，单击鼠标并移动鼠标即可透视图像，如图 3-2-28 所示。

（6）变形。单击"编辑"→"变换"→"变形"命令，拖动图像控制手柄，变形图像，如图 3-2-29 所示。用户还可以在工具选项栏中选择软件预设的变形样式 ，对图像进行变行。

图 3-2-27 扭曲操作

图 3-2-28 透视操作

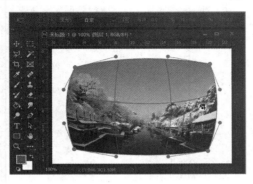

图 3-2-29 变形操作

在"变换"下拉菜单中，还有"旋转180度""旋转90度（逆时针）""旋转90度（顺时针）"和"水平翻转""垂直翻转"等命令。使用时，选择相关命令，即可得到对应的效果。使用"变换"下拉菜单中的命令，还可对文档窗口中的选区进行相关的操作。同时，选择"变换"命令变换图像时，在工具选项栏的相关选项中可以输入参数，对图像精确变换，如图3-2-30所示。

图 3-2-30 变换工具选项栏参数

2. 给白色瓷瓶贴图画

（1）按〈Ctrl+N〉键，新建文件。

（2）在"新建文档"对话框的"高""宽"文本框中分别输入"480"和"700"，"单位"选择"像素"。

（3）单击"文件"→"置入嵌入对象"命令。

（4）在"置入"对话框中选取"素材图6"图像文件。

（5）单击"置入"按钮。

（6）调整所置入图像的大小与位置，如图3-2-31所示。

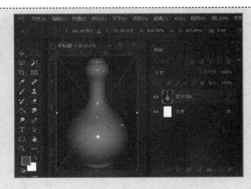

图 3-2-31 置入图像

（7）单击"文件"→"置入嵌入对象"命令。

（8）在"置入"对话框中选取"素材图 7"图像文件。

（9）单击"置入"按钮。

（10）调整所置入图像的大小与位置，如图 3-2-32 所示。

（11）右键单击"素材图 7"图层。

（12）选择"栅格化图层"命令，栅格化图层。

（13）单击"编辑"→"变换"→"变形"命令。

（14）拖动画面网络线和控制手柄，使画贴到瓷瓶上，如图 3-2-33 所示。

（15）按〈Enter〉键，确定变形。

（16）在"图层混合模式"下拉列表框中选择"线性加深"选项。

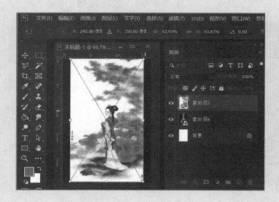

图 3-2-32　复制图层

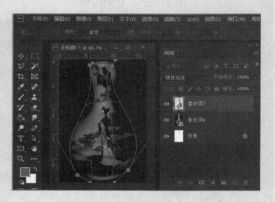

图 3-2-33　变形图像

3. 了解内容识别比例

内容识别比例是一个十分神奇的缩放功能。它可以识别画面主要内容（如人物、建筑、动物等），在缩放过程中不受影响，如图 3-2-34 所示。

原图

普通缩放

内容识别比例缩放

图 3-2-34　缩放效果比较

操作时，单击"编辑"→"内容识别比例"命令，显示定界框，工具选项栏（如图 3-2-35 所示）

中会显示变换选项，用户可以输入缩放值，或者拖动控制点来对图像进行缩放操作。

图 3-2-35　内容识别比例工具选项栏

（1）参考点定位符。单击参考点定位符上的方块 ，可以指定缩放图像时要围绕的参考点。默认情况下，参考点位于图像的中心。

（2）使用参考点相对定位。单击使用参考点相对定位按钮 ，可以指定相对于当前参考点位置的新参考点位置。

（3）参考点位置。可以输入 X 轴和 Y 轴像素大小，将参考点放置于特定位置。

（4）缩放比例。输入宽度（W）和高度（H）的百分比，可以指定图像按原始大小的百分比进行缩放。单击保持长宽比例按钮 ，可进行等比缩放。

（5）数量。指定内容识别缩放与常规缩放的比例。可在文本框中输入数值或单击箭头或移动滑块来指定内容识别缩放的百分比。

（6）保护。可以选择一个 Alpha 通道。通道中白色对应的图像不会变形。

（7）保护肤色。按下保护肤色按钮 ，可以保护包含肤色的图像区域，使之避免变形。

4. 了解操控变形

"操控变形"命令与"变形"命令的网格类似，但"操控变形"命令的功能更加强大。使用该功能，用户可以在图像的关键点上放置图钉，然后通过拖动图钉对图像进行变形操作。操作时，单击"编辑"→"操控变形"命令，需要变换的图像上就会显示变形网格，单击变形图像可以添加图钉，固定不变的区域，然后单击并拖动图钉，变换图像，如图 3-2-36 所示。

图 3-2-36　操控变形图像

选择"操控变形"命令后，也可以设置工具选项栏相关参数变形图像，如图 3-2-37 所示。

图 3-2-37　操控变形工具选项栏

（1）模式。在"模式"下拉列表框中有"刚性""正常"和"扭曲"三个选项。"刚性"变形效果精确，但缺少柔和的过渡；"正常"变形效果准确，过渡柔和；"扭曲"可在变形的同时创建透视效果，如图 3-2-38 所示。

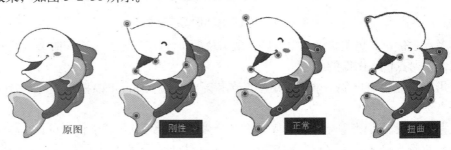

图 3-2-38　模式选项效果

（2）浓度。"浓度"是用来控制网格多少的参数。有"较少点""正常"和"较多点"三种选项。选择"较少点"选项，网格点较少，相应的只能放置少量图钉，并且图钉之间需要保持较大的间距；选择"正常"选项，网格数量适中；选择"较多点"选项，网格较细密，可以添加较多的图钉，如图 3-2-39 所示。

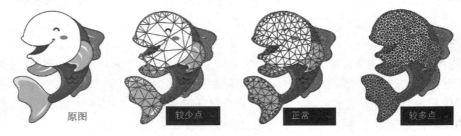

图 3-2-39　浓度选项效果

（3）扩展。"扩展"是用来设置变形效果的衰减范围的参数。设置较大的像素值以后，变形网格的范围也会相应地向外扩展，变形之后，对象的边缘会更加平滑，而设置数值越小，则图像边缘变化效果越生硬。

（4）显示网格。选择该按钮████，表示显示网络，取消选择，表示不显示网格。

（5）图钉深度。选择一个图钉，单击"图钉深度"按钮██ ██，可以将它向上层或向下层移动一个堆叠顺序。

（6）旋转。"旋转"下拉列表框中有"自动"和"固定"两个选项。选择"自动"选项后，在拖动图钉扭曲图像时，会自动对图像内容进行旋转处理；选择"固定"选项，可以在其右侧文本框中输入旋转角度值，准确地旋转一个角度。

（7）复位 / 撤销 / 应用。单击"复位"按钮██，可以删除所有图钉，将网格恢复到变形前的状态；单击"撤销"按钮██（或按〈Esc〉键），可以放弃变形操作；单击"应用"按钮██（按〈Enter〉键），确认变形操作。

5. 了解透视

"透视"一词是绘画的术语。最初研究透视是采取通过一块透明的平面去看景物的方法，将所见景物准确地描画在这块平面上，即该景物的透视图。后来发展成在平面图上根据视觉原理，用线条来显示物体的空间位置、轮廓和投影等。

画家达·芬奇总结出绘画中最常用的线透视。它的基本原理是在绘画者和被画物体之间假想一面玻璃，固定住眼睛的位置（用一只眼睛看），连接物体的关键点与眼睛形成视线，再相交于假想的玻璃上，在玻璃上呈现的各个点的位置就是你要画的三维物体在二维平面上的点的位置，这就是西方古典绘画透视学的应用方法。

透视在我们的生活中无处不在，假如我们站在长长铁轨一端，眺望远去的轨道，就会发现宽窄一样的铁轨距离越远就会越窄，最后消失在一点上，如图 3-2-40 所示。经常看到卡通电视画面中宏伟、高大的建筑，宽阔的街道都会使用透视方法来构图，如图 3-2-41 所示。

图 3-2-40　生活中的透视

图 3-2-41　绘画中的透视

在使用透视方法构图的过程中，关键是要找到透视点。透视分为一点透视、两点透视和三点透视三类。

（1）一点透视。一点透视就是立方体放在一个水平面上，前方面（正面）的四边分别与画纸四边平行时，上部向纵深的直线与眼睛的高度一致，消失成为一点，而正面为正方形，如图 3-2-42 所示。一点透视法的应用非常广泛，如图 3-2-43 就是采用一点透视法绘制的室内装饰效果图。

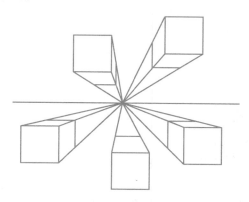

图 3-2-42　一点透视原理图

图 3-2-43　一点透视效果

（2）两点透视。两点透视就是把立方体画到画面上，立方体的四个面相对于画面倾斜成一定角度时，往纵深平等的直线产生了两个消失点，如图 3-2-44 所示。在这种情况下，与上下两个水平面相垂直的平行线也产生了长度的缩小，但是不带有消失点。在绘图应用比较广泛，如图 3-2-45 所示。

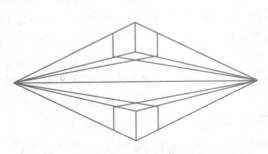

图 3-2-44　两点透视原理图

图 3-2-45　两点透视效果图

（3）三点透视。三点透视就是立方体相对画面，其面及棱线都不平行时，面的边线可以延伸为三个消失点，用俯视或仰视等角度去看立方体就会形成三点透视，如图 3-2-46 所示。在建筑效果图中，经常使用三点透视法构图，如图 3-2-47 所示。

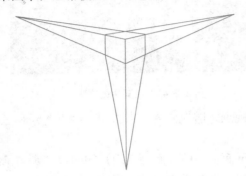

图 3-2-46　三点透视原理图

图 3-2-47　三点透视效果图

思考练习

1. 背景图层是一种比较特殊的图层，它（　　）。

　　A．始终处于图层最下面

　　B．始终处于图层最上面

　　C．可以处于图层任意位置

2. 在 Photoshop 软件中，通过"置入"命令置入到图层中的图像，（　　）。

　　A．只能做"缩放与旋转"操作，不能做"变形"操作

　　B．只能做"斜切与扭曲"操作，不能做"变形"操作

　　C．能够做全部"变换"操作

3. 在立体视图下我们在一个视点观察，最多可以看到（　　）个面。

　　A．1　　　　　　　　　B．2　　　　　　　　　C．3

活动评价

在完成本次任务的过程中，我们学会了使用 Photoshop 软件设计、制作硒世宝凉茶户外广告，请对照表 3-2-1 进行评价与总结。

表 3-2-1　活动评价表

评 价 指 标	评 价 结 果				备　　注
1．能够将背景图层转换为普通图层	□A	□B	□C	□D	
2．能够根据需要熟练变换图形	□A	□B	□C	□D	
3．知道栅格化图层的作用	□A	□B	□C	□D	
4．能够设计与制作硒世宝凉茶户外广告	□A	□B	□C	□D	

综合评价：

设计与制作洗发用品户外广告

任务三

sheji yu zhizuo xifa yongpin huwai guanggao

任务描述

市场上的洗发用品多种多样，本任务中的柔顺洗发用品是刚刚投放市场的新星品牌，其广告设计与制作是占领市场的重要手段之一。在本任务中，我们使用 Photoshop CC 2019 软件，设计与制作一幅洗发用品户外广告，如图 3-3-1 所示。

图 3-3-1　洗发用品户外广告效果图

任务分析

本任务提供了代言人、水花、产品等素材，设计者只需要抠取水花，制作背景，导入相关素材，调整其位置即可完成任务。

使用色阶和通道技术去掉水花的背景，合理地应用到设计的图像中，形象地体现了洗发用品的功效。在设计背景的过程中，为了使背景与代言人服饰以及产品的主色调更好的搭配，本任务采用紫色与白色渐变的方式填充背景颜色。

整幅广告的设计与制作过程简洁、明了。只需要使用 Photoshop CC 2019 软件的色阶、通道、蒙版等技术即可完成。

任务准备

1. 了解"通道"面板

在计算机屏幕上显示的图像基本组成单位是以 RGB 为基础展开的，也可以理解为一幅图像由 RGB 三种颜色组成，其他颜色都是由这三种颜色混合而成的，这三种颜色常被称为 RGB 三原色，如图 3-3-2 所示。那么，在 Photoshop 图像处理软件中，每一种颜色表示一个通道，R 表示红色通道；G 表示绿色通道；B 表示蓝色通道；几种颜色混合在一起就是复合通道，如图 3-3-3 所示。

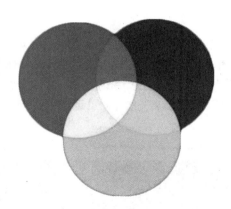

图 3-3-2　RGB 三原色

图 3-3-3　"通道"面板

（1）复合通道。复合通道在"通道"面板的最上层，在复合通道下可以同时预览和编辑所有颜色通道。

（2）颜色通道。用于记录图像颜色的通道。

（3）专色通道。用来保存专色油墨的通道。

（4）Alpha 通道。用来保存选区的通道。

（5）将通道作为选区载入 ▦。单击该按钮，可以载入所选通道内的选区。

（6）将选区存储为通道 ▣。单击该按钮，可以将图像中的选区保存在通道内。

（7）创建新通道 ▤。单击该按钮，可以创建 Alpha 通道。

（8）删除当前通道 ▦。单击该按钮，可以删除当前选择的通道，但复合通道不能删除。

2. 了解色阶

色阶是调整图像阴影、中间值和高光强度级别的工具。通过调整图像的阴影、中间值和高光的强度级别，达到校正图像的色调范围和色彩平衡的目的。

操作时，打开一幅图像，单击"图像"→"调整"→"色阶"命令，打开"色阶"对话框，如图 3-3-4 所示。

（1）预设。在"色阶"对话框"预设"下拉列表框中可以选择 Photoshop 软件提供的预设选项调整图像的色阶，如图 3-3-5 所示。单击"预设"选项右侧的按钮，即可打开下拉列表，列表中有"存储"和"载入"两个命令选项。若选择"存储"命令，可以将当前的调整参数保存为一个预设文件，在使用相同的方式处理其他图像时，可选择"载入"命令选项，载入该文件的色阶设置自动完成调整。

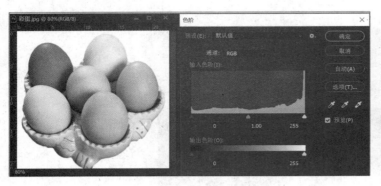

图 3-3-4　"色阶"对话框

图 3-3-5　"预设"选项

（2）通道。在调整图像的色阶时，可以调整不同通道的色阶。比如调到整红色通道，选择"R"即可。若要同时调整其中某两个通道（如红、绿）的色阶，在执行"色阶"命令前，打开"通道"面板，按住〈Shift〉键，单击选择需要调整的通道，然后执行"色阶"命令时，在"色阶"对话框中"通道"栏就只会显示两个通道，如图 3-3-6 所示。

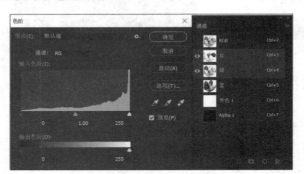

图 3-3-6　"通道"选项

（3）输入色阶。用来调整整个图像的阴影（左侧滑块）、中间值（中间滑块）和高光区域（右侧滑块）。可拖动滑块或在滑块下面的文本框中输入数值来进行调整，向左移动滑块，与之对应的色调会变亮，反之，色调则会变暗，如图 3-3-7、图 3-3-8 所示。

（4）输出色阶。用来限定图像的亮度范围，可拖动滑块或在对应滑块下参数栏中输入参数值来设置图像的对比度。

（5）设置黑场 🖊。使用该工具在图像中单击，可将单击区域的像素变为黑色，原图像中比该区域暗的像素也会变为黑色，如图 3-3-9 所示。

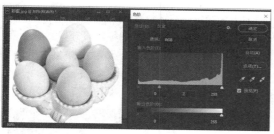

| 图 3-3-7 增大中间值效果 | 图 3-3-8 减小中间值效果 |

（6）设置灰点 ⚫。使用该工具在图像中单击，可根据单击区域的像素亮度来调整其他中间色调的平均亮度，如图 3-3-10 所示。

（7）设置白场 ⚫。使用该工具在图像中单击，可将单击区域的像素变为白色，比该区域亮度值大的像素也都会变为白色，如图 3-3-11 所示。

| 图 3-3-9 黑场效果 | 图 3-3-10 灰点效果 | 图 3-3-11 白场效果 |

（8）自动。单击该按钮，可用自动颜色校正，每使用一次，软件会以 0.5% 的比例自动调整图像色阶，使图像的亮度分布更均匀。

（9）选项。单击该按钮，可以打开"自动颜色校正选项"对话框，在对话框中可以设置黑色像素和自动色像素的比例。

 任务实施

1. 抠取水花

（1）启动 Photoshop CC 2019，进入操作界面。

（2）单击"文件"→"打开"命令，打开"素材"文件夹中的"素材 1"文件。

（3）双击"背景"图层，打开"新建图层"对话框。

（4）单击"确定"按钮，转换图层，如图 3-3-12 所示。

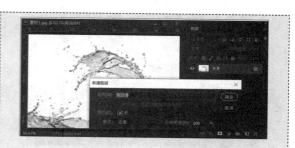

图 3-3-12 转换"背景"图层

（5）单击展开"通道"面板。

（6）单独选择"红""绿""蓝"通道，观察文档窗口中图像黑白对比度情况。

（7）经过比较，"红"通道对比度较高，选择"红"通道，如图 3-3-13 所示。

图 3-3-13　选择通道

（12）选择"红拷贝"通道。

（13）按〈Ctrl〉键，单击"红拷贝"通道，建立选区，如图 3-3-15 所示。

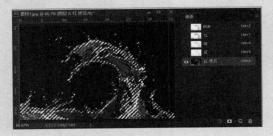

图 3-3-15　建立选区

（18）单击"图层"面板上的"创建新图层"按钮，创建"图层 2"。

（19）单击工具箱中的"设置前景色"按钮，选择绿色。

（20）单击工具箱中的"油漆桶工具"按钮，填充颜色，如图 3-3-17 所示。

图 3-3-17　创建新图层

（8）右键单击"红"通道。

（9）选择"复制通道"命令，打开"复制通道"对话框。

（10）勾选"反相"复选框。

（11）单击"确定"按钮，如图 3-3-14 所示。

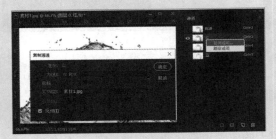

图 3-3-14　复制通道

（14）单击展开"图层"面板。

（15）选择"图层 0"图层。

（16）按〈Ctrl〉+〈C〉，复制选区。

（17）按〈Ctrl〉+〈V〉，粘贴选区，创建"图层 1"，如图 3-3-16 所示。

图 3-3-16　建立选区

（21）单击"图层 1"。

（22）单击"图像"→"调整"→"色阶"命令，打开"色阶"对话框。

（23）在"中间调"文本框中输入"9"，在"高光区域"文本框中输入"2"，如图 3-3-18 所示。

（24）单击"确定"按钮。

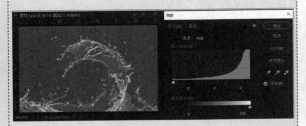

图 3-3-18　设置色阶

（25）删除"图层0"和"图层2"等图层，如图3-3-19所示。

（26）保存为PNG文件格式，备用。

2. 创建广告背景

（1）按〈Ctrl〉+〈N〉键，创建新文件。

（2）在"新建文档"对话框中，将新文件重命名为"洗发用品"。

（3）在"宽度""高度"文本框中分别输入"800"和"500"，单位选择"像素"。

（4）在"分辨率"文本框中输入"72"，单位选择"像素/英寸"。

（5）在"颜色模式"下拉列表框中选择"CMYK颜色"，如图3-3-20所示。

（6）单击"确定"按钮。

> **小提示**
>
> 在实际制作过程中，要根据客户的实际需求设置"宽度"和"高度"，"分辨率"最低设置为300。

图3-3-19 保存文件

图3-3-20 "新建文档"对话框

（7）单击"图层"面板上"创建新图层"按钮，创建"图层1"图层。

（8）单击工具箱中的"前景色"按钮，选择"紫色（8508c6）"。

（9）单击工具箱中的"渐变工具"按钮。

（10）在工具选项栏中单击"径向渐变"按钮。

（11）在文档窗口中心单击鼠标并拖动鼠标，填充颜色，如图3-3-21所示。

3. 添加代言人和产品

（1）单击"文件"→"置入嵌入对象"命令，打开"置入"对话框。

（2）将"素材"文件夹中的"素材2"图像文件导入到文档窗口中。

（3）调整图像的大小，如图3-3-22所示。

图3-3-21 填充渐变色

图3-3-22 置入文件

（4）单击"文件"→"置入嵌入对象"命令，打
开"置入"对话框。

（5）将"素材"文件夹中的"素材3"图像文件导
入到文档窗口。

（6）调整图像的大小，如图3-3-23所示。

（7）右键单击"素材3"图层，选择"复制图层"
命令。

（8）单击"编辑"→"变换"→"垂直翻转"命令。

（9）调整图像的位置。

（10）在"图层"面板中"不透明度"文本框中输
入"70%"，如图3-3-24所示。

图 3-3-23　置入文件

图 3-3-24　复制图层

4. 添加水花

（1）单击"文件"→"置入嵌入对象"命令，打
开"置入"对话框。

（2）将事先处理的"水花"图像文件导入到文档
窗口。

（3）调整图像的位置与大小，如图3-3-25所示。

（4）单击"图层"面板下方的"添加矢量蒙版"
按钮。

（5）单击工具箱中的"画笔"工具按钮。

（6）在文档窗口中涂抹蒙版，如图3-3-26所示。

图 3-3-25　置入文件

图 3-3-26　复制图层

5. 添加文字

（1）单击"文本工具"按钮。

（2）在工具选项栏"字体"下拉列表框中选择"方
正粗倩简体"，设置字体。

（3）在"字号"文本框中输入"48点"。

（4）将文本颜色设置为"白色（ffffff）"。

（5）单击文档窗口，输入"草本精华柔顺飞扬"文本，
如图3-3-27所示。

图 3-3-27　输入文本

(6) 将"柔顺"文本选中。

(7) 在工具选项栏"字体"下拉列表框中选择"方正超粗黑简体",改变文本字体,如图 3-3-28 所示。

图 3-3-28 改变文本

小提示

到此为止,调整各元素的位置,图像制作基本完成。

任务拓展

1. 认识通道

Photoshop 软件提供了三种通道:颜色通道、Alpha 通道和专色通道。

(1) 颜色通道。颜色通道就像摄影胶片,它们记录了图像内容和颜色信息。图像的颜色模式不同,颜色通道的数量也不相同,如图 3-3-29 所示,RGB 图像包含红、绿、蓝和一个用于编辑内容的复合通道;CMYK 图像包含青色、洋红、黄色、黑色和一个复合通道;Lab 图像包含明度、a、b 和一个复合通道。

(2) Alpha 通道。Alpha 通道与颜色通道不同,它用来保存选区,可以将选区存储为灰度图像,但不会直接影响图像的颜色。在 Alpha 通道中,白色代表被选择的区域,黑色代表不被选择的区域,灰色代表被部分选择的区域,即羽化的区域。用白色涂抹 Alpha 通道可以扩大选区范围,用黑色涂抹则可以收缩选区范围,用灰色涂抹则可以增加羽化的范围,如图 3-3-30 所示。

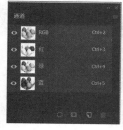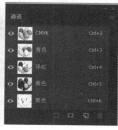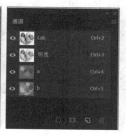

图 3-3-29 不同颜色模式的通道   图 3-3-30 Alpha 通道

(3) 专色通道。专色通道是一种特殊的通道,它有存储专色。专色是用于替代或补充印刷色(CMYK)的特殊预混油墨,如金属质感黑、荧光油墨等。通常情况下,专色通道都是以专色的名称来命名的。

2. 编辑通道

在处理图像的过程中,经常会用到通道。在"通道"面板中,复制、删除、分离与合并通道是经常性的操作。

（1）通道的基本操作。单击"通道"面板中的一个通道可以选择该通道，文档窗口中会显示所选通道的灰度图像，如图 3-3-31 所示。按〈Shift〉键，可以选择多个通道，此时文档窗口中会显示所选颜色通道的复合信息，如图 3-3-32 所示。通道名称的左侧显示通道内容的缩览图，在编辑时，缩览图会自动更新。单击复合通道，可以重新显示所有颜色的通道。

图 3-3-31 蓝色通道效果　　　　　　　　　　　图 3-3-32 红、绿通道效果

（2）Alpha 通道与选区互相转换。如果文档窗口创建了选区，单击"通道"面板中的"创建新通道"按钮，可以将选区保存到 Alpha 通道中，如图 3-3-33 所示。如果在"通道"面板中选择要载入选区的 Alpha 通道，单击将"通道作为选区载入"按钮，可以载入通道中的选区。此外，按住〈Ctrl〉键，单击 Alpha 通道也可以载入选区，如图 3-3-34 所示。

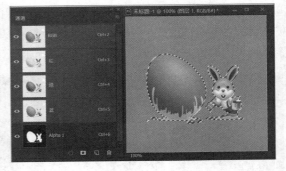

图 3-3-33 将选区保存到通道　　　　　　　　　图 3-3-34 将通道载入到选区

> **小提示**
>
> 　　如果当前图像中包含选区，按住〈Ctrl〉键单击"通道"面板中缩览图时，可以通过按下按键来进行选区运算，如按住〈Ctrl〉键单击可以将它作为一个新的选区载入；按住〈Ctrl〉+〈Shift〉键单击可将它添加到现有的选区中；按住〈Ctrl〉+〈Alt〉键单击可以从当前的选区中减去载入的选区；按住〈Ctrl〉+〈Shift〉+〈Alt〉键单击可以进行与当前选区相交的操作。

（3）在图像中定义专色。专色印刷是指采用黄、品红、青、黑四色以外的其他色油墨来复制原稿的印刷工艺。当我们要将带有专色的图像印刷时，需要用专色通道来存储专色。操作时，打开图像文件，使用魔棒工具，选择需要建立专色的区域，然后单击"通道"面板中的"新建专色通道"命令，如图 3-3-35 所示，打开"新建专色通道"对话框。将对话框中的"密度"设置为 100%，单击"颜色"选项右侧的颜色块，如图 3-3-36 所示，打开"拾色器"对话框。在"拾色器"对话框中，单击"颜色库"按钮，打开"颜色库"，选择一种专色，如图 3-3-37 所示。单击"确定"按钮，返回到"新建专色通道"对话框，不要修改"名称"，否则无法打印该文件，如图 3-3-38 所示。

图 3-3-35　选择"新建专色通道"命令

图 3-3-36　新建专色通道对话框

小提示

　　"密度"用于屏幕上模拟印刷时专色的密度，100% 可以模拟完全覆盖下层油墨（如金属质感油墨），0 可以模拟完全显示下层油墨的透明油墨。

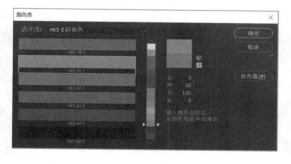

图 3-3-37　"颜色库"对话框

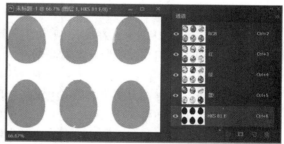

图 3-3-38　专色填充图像效果

3. 认识吸管工具

　　吸管工具可以在文档窗口中的图像上获取颜色。操作时，单击工具箱中的"吸管工具"按钮，选择吸管工具，将鼠标指针移动到图像上，单击鼠标，可以显示一个取样环，拾取单击点的颜色并将其设置为背景色，如图 3-3-39 所示。取样环中会出现两种颜色，下面的是前一次拾取的颜色，上面的则是当前拾取的颜色。按住〈Alt〉键单击，可拾取单击点的颜色并将其设置为前景色，如图 3-3-40 所示。按住鼠标按键在屏幕上拖动，可以拾取窗口、菜单和面板上的颜色。

图 3-3-39　拾取为前景色

图 3-3-40　拾取为背景色

使用吸管工具时，同样可以根据需要设置工具选项栏中的选项或参数，如图 3-3-41 所示。

图 3-3-41　吸管工具选项栏

（1）取样大小。取样大小用来设置吸管工具的取样范围。选择"取样点"，可以拾取光标所在位置像素的精确颜色；选择"3×3 平均"，可以拾取光标所在位置 3 个像素区域内的平均颜色，其他选项以此类推。

（2）样本。"样本"选项中有"当前图层""当前和以下"和"所有图层"等多个选项，选择"当前图层"表示只在当前图层上取样；选择"所有图层"表示在所有图层上取样。

（3）显示取样环。勾选该项，拾取颜色时会显示取样环。

4. 了解直方图

直方图是一种统计图形，在图像领域的应用非常广泛，比如，数码相机的 LCD 显示屏上都可以显示直方图，供用户查看照片的曝光情况。

在 Photoshop 软件中使用直方图表示图像的每个亮度级别的像素数量，展现了像素在图像中的分布情况。通过观察直方图，用户可以判断出照片的阴影、中间值和高光包含的细节是否满足，以便对其做出正确的调整。

操作时，打开一幅图像后，单击"窗口"→"直方图"命令，打开"直方图"面板，如图 3-3-42 所示。

（1）通道。在"通道"下拉列表框中有"颜色""Alpha""专色""明度"等多个选项，选择一个选项后，面板中会显示该通道的直方图。如果查看复合通道的亮度或强度值，选择"明度"选项，如图 3-3-43 所示。

图 3-3-42　RGB 颜色直方图

图 3-3-43　明度直方图

（2）不使用高速缓存的刷新 。单击该按钮可以刷新直方图，显示当前状态下最新的统计结果。

（3）高速缓存数据警告 。使用"直方图"面板时，软件会在内存中高速缓存直方图，也就是说，最新的直方图是被软件存储在内存中的，而并非实时显示在"直方图"面板中。单击该图标，可以刷新直方图。

（4）平均值。"平均值"显示像素的平均亮度值（0～255之间的平均亮度）。通过观察该值，可以判断出图像的色调类型，比如，"平均值"为"181.50"，直方图中的山峰位于直方图右边，说明该图像平均色调偏亮，如图 3-3-44 所示。

（5）标准偏差。"标准偏差"显示亮度值的变化范围，该值越高，说明图像亮度变化越剧烈。如"标准偏差"由调整前的"78.53"变为"85.00"，说明图像的亮度变化在增强，如图 3-3-45 所示。

图 3-3-44　平均值参数　　　　　　　　　　图 3-3-45　标准偏差参数

（6）中间值。"中间值"显示亮度值范围内的中间值，图像的色调越亮，它的中间值越高。

（7）像素。"像素"用于计算直方图的像素总数。

（8）色阶。"色阶"显示光标下面区域的亮度级别。

（9）数量。"数量"显示相当于光标下面亮度级别的像素总数。

（10）百分位。"百分位"显示光标所指的级别或该级别以下的像素累计数。如果对全部色阶范围取样，该值为 100，对部分色阶取样，显示的则是取样部分点总量的百分比。

（11）高速缓存级别。"高速缓存级别"显示当前用于创建直方图的图像高速缓存的级别。

思考练习

1．Photoshop 软件提供了（　　）三种通道。

　　A．颜色、Alpha 和专色　　　　　　B．"红""绿""蓝"　　　　　　C．"红""黄""蓝"

2．色阶是调整图像的工具。通过调整图像的（　　）强度级别，达到校正图像的色调范围和色彩平衡的目的。

　　A．亮度　　　　　　　　　　B．阴影、中间值和高光　　　　C．阴影

3．使用通道和色阶命令抠取人像的头发，如图 3-3-46 所示。

图 3-3-46　抠取图像背景

在完成本次任务的过程中，我们学会了使用 Photoshop 软件设计、制作洗发用品户外广告，请对照表 3-3-1 进行评价与总结

表 3-3-1　活动评价表

评　价　指　标	评　价　结　果				备　注
1．知道图像通道的作用	☐ A	☐ B	☐ C	☐ D	
2．能够正确运用通道处理图像	☐ A	☐ B	☐ C	☐ D	
3．能够根据直方图判断图像的亮度情况	☐ A	☐ B	☐ C	☐ D	
4．会使用色阶命令处理图像	☐ A	☐ B	☐ C	☐ D	
5．能够设计与制作洗发用品户外广告	☐ A	☐ B	☐ C	☐ D	
综合评价：					

 设计与制作机械产品户外广告

sheji yu zhizuo jixie chanpin huwai guanggao

 任务描述

机械产品行业要得到客户的认可，首先是产品的质量，其次就是广告。因此，广告切入点的选择就十分重要。

三角精工就抓住了参与航天产品零件制造经历，突出其产品的质量，打出"精工机械航天品质"的口号，让人们看到广告，即可建立起对其产品的信赖感觉。

在本任务中，我们使用 Photoshop CC 2019 软件，设计、制作一幅机械产品户外广告，如图 3-4-1 所示。

图 3-4-1　机械产品户外广告效果图

 任务分析

本任务提供了机械产品实物图像，太空照片和三角精工标志等素材，设计者只需要使用路径、选区、图层样式和文字等技术处理好背景，调整各素材的位置即可完成任务。在整个画面的设计过程中，以冷色调（蓝色）为主，更好突出产品的特性。

 任务准备

1. 了解路径

矢量图是由数学定义的矢量形状组成的，因此，矢量工具创建的是一种由锚点和路径组成的图形。路径是可以转换为选区或使用颜色填充和描边的轮廓，它包括有起点、终点的开放式路径和没有起点、终点的闭合式路径两种。同时，路径可以由多个相互独立的路径组件组成，这些路径组件称为子路径，如图 3-4-2 所示。

路径是由直线路径段和曲线路径段组成，它们通过锚点连接。锚点分主两种：一种是平滑点；另一种是角点。平滑点连接可以形成平滑曲线，而角点连接形成直线或转角曲线，如图 3-4-3 所示。

曲线路径段上的锚点有方向线，方向线的端点为方向点，它们用于调整曲线的形状，如图 3-4-4 所示。

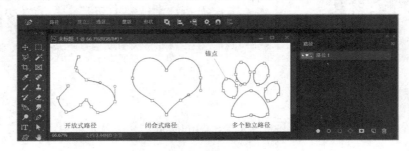

图 3-4-2　路径和锚点

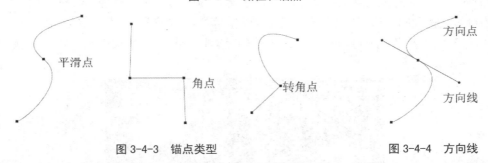

图 3-4-3　锚点类型　　　　　　　　　　图 3-4-4　方向线

2. 了解"路径"面板

　　"路径"面板用于保存和管理路径。面板中显示每条存储的路径，当前工作路径和当前矢量蒙版的名称和缩览图。操作时，单击"窗口"→"路径"命令，打开"路径"面板，如图 3-4-5 所示。

　　（1）用前景色填充路径■。单击该按钮，用前景色填充路径区域。

　　（2）用画笔描边路径■。单击该按钮，用画笔工具对路径进行描边。

　　（3）将路径作为选区载入■。单击该按钮，将当前选择的路径转换为选区。

　　（4）从选区生成工作路径■。单击该按钮，从当前的选区中生成工作路径。

　　（5）添加蒙版■。单击该按钮，从当前路径创建蒙版。

　　（6）创建新路径■。单击该按钮，可以创建新的路径层。

　　（7）删除当前路径■。单击该按钮，可以删除当前选择的路径。

3. 用形状工具创建路径

　　形状工具可以绘制图形、像素和路径。Photoshop 提供了矩形、圆角矩形、椭圆、多边形、自定形状等工具，如图 3-4-6 所示。这些工具可以绘制矢量图形、像素形状和路径。在使用时，选择形状工具后，在工具选项栏"绘制类型"下拉列表框中选择"路径"选项，就可以在文档窗口中绘制路径，如图 3-4-7 所示。

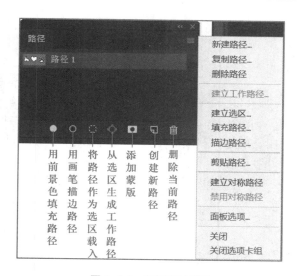

图 3-4-5 "路径"面板

图 3-4-6 形状工具

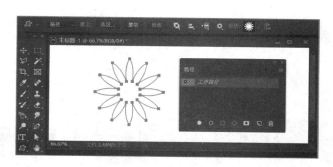

图 3-4-7 绘制路径

4. 认识路径选择工具

在处理和运用路径过程中,经常会移动路径的位置,调整路径锚点改变路径的形状。操作时,分别使用工具箱中的"路径选择工具" 和"直接选择工具" 。使用"路径选择工具"可以选择路径,移动路径的位置,如图 3-4-8 所示。使用"直接选择工具"可以选择路径锚点,调整和编辑路径,如 3-4-9 所示。

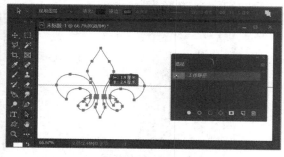

图 3-4-8 用路径选择工具改变路径位置

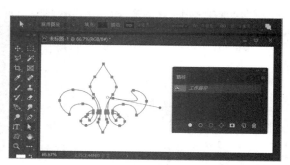

图 3-4-9 用直接选择工具编辑路径

任务实施

1. 添加广告背景

（1）按下〈Ctrl〉+〈N〉键，创建新文件。

（2）在"新建文档"对话框中，给文件命名为"机械产品"。

（3）在"宽度""高度"文本框中分别输入"800"和"500"，单位选择"像素"。

（4）在"分辨率"文本框中输入"72"，单位选择"像素/英寸"。

（5）在"颜色模式"下拉列表框中选择"RGB颜色"，如图 3-4-10 所示。

（6）单击"确定"按钮。

小提示

在实际制作过程中，要根据客户的实际需求设置"宽度"和"高度"，"分辨率"最低设置为 300，"颜色模式"选择"CMYK颜色"。

图 3-4-10　"新建文档"对话框

（7）单击"文件"→"置入嵌入对象"命令。

（8）将"素材"文件夹中的"素材 1"图像置入到文档窗口中，如图 3-4-11 所示。

（9）调整图像的大小与位置。

图 3-4-11　置入文件

（10）右键单击"图层"面板上"素材 1"图层。

（11）选择"栅格化图层"命令栅格化图层，如图 3-4-12 所示。

图 3-4-12　栅格化图层

2. 绘制齿轮效果

（1）单击工具箱中的"多边形工具"按钮，选择多边形工具。

（2）单击工具选项栏中的"工具模式"列表，选择"路径"选项。

（3）单击"形状选项"按钮 ⚙，勾选"星形"复选框。

（4）在"边"文本框中输入"30"，如图 3-4-13 所示。

图 3-4-13　选择形状工具

（7）单击展开"路径"面板。

（8）单击"将路径作为选区载入"按钮，在文档窗口形成选区，如图 3-4-15 所示。

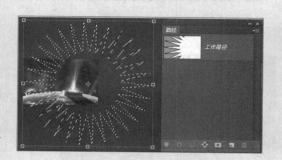

图 3-4-15　路径转换为选区

（5）鼠标单击文档窗口并拖动鼠标，绘制一个"星形"。

（6）单击工具箱中的"路径选择工具"按钮，移动路径的位置，如图 3-4-14 所示。

图 3-4-14　绘制形状路径

（9）单击"图层"面板上"创建新图层"按钮，创建图层。

（10）单击工具箱中的"油漆桶工具"按钮。

（11）填充选区，如图 3-4-16 所示。

> 🐱 小提示
>
> 该图层是一个辅助图层（作品制作完成后删除），填充颜色不需要特别选择。

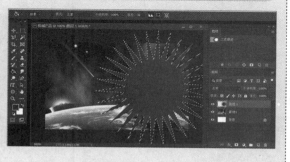

图 3-4-16　填充选区

（12）单击"路径"面板下方"创建新路径"按钮，创建新路径。

（13）单击"椭圆工具"按钮。在文档窗口中绘制一个圆形路径，如图 3-4-17 所示。

（14）单击"将路径作为选区载入"按钮，在文档窗口形成选区。

（15）单击"图层"面板上"创建新图层"按钮，创建图层。

（16）单击工具箱中的"油漆桶工具"按钮。

（17）填充选区，如图 3-4-18 所示。

图 3-4-17　绘制路径

图 3-4-18　填充选区

（18）按下〈Ctrl〉+〈D〉键删除选区。

（19）单击"路径"面板中的"路径 1"层。

（20）单击工具箱中的"路径选择工具"按钮。

（21）单击文档窗口中的"路径"，移动路径位置，如图 3-4-19 所示。

（22）单击"路径"面板下方的"将路径作为选区载入"按钮，在文档窗口形成选区。

（23）单击"选择"→"反向"命令。

（24）单击"图层"面板中"图层 1"图层，按〈Delete〉键，删除选区内容，如图 3-4-20 所示。

图 3-4-19　移动路径

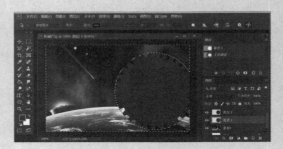

图 3-4-20　删除选区内容

（25）按〈Ctrl〉+〈D〉键删除选区。

（26）按住〈Shift〉键，单击"图层 1"和"图层 2"图层。

（27）单击右键，选择"合并图层"命令，如图 3-4-21 所示。

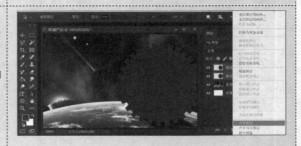

图 3-4-21　拼合图层

（28）按住〈Ctrl〉键，单击"图层"面板中的"图层2"，建立选区。

（29）单击"素材1"图层。

（30）按〈Ctrl〉+〈C〉键复制选区，按〈Ctrl〉+〈V〉键粘贴图像，如图3-4-22所示。

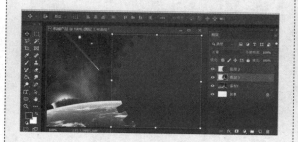

图3-4-22　剪切图像

（35）单击"图层"面板"图层2"图层。

（36）单击工具箱中"移动工具"按钮。

（37）勾选工具选项栏中的"显示定界框"选项。

（38）旋转图像至合适的位置，如图3-4-24所示。

图3-4-24　旋转对象

（42）右键单击"图层3"图层，选择"拷贝图层样式"命令。

（43）右键单击"图层4"图层，选择"粘贴图层样式"命令，添加图层样式。

（44）隐藏"图层2"图层，如图3-4-26所示。

（31）单击"图层"面板"添加图层样式"按钮。

（32）选择"外发光"命令。

（33）单击"颜色"按钮，设置为"蓝色（0c7eb9）"。

（34）在"扩展"文本框中输入"10"，在"大小"文本框中输入"30"，如图3-4-23所示。

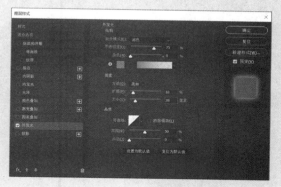

图3-4-23　设置图层样式

（39）按住〈Ctrl〉键，单击"图层"面板中的"图层2"图层，建立选区。

（40）单击"素材1"图层。

（41）按〈Ctrl〉+〈C〉键复制选区，按〈Ctrl〉+〈V〉键粘贴图像，如图3-4-25所示。

图3-4-25　剪切图像

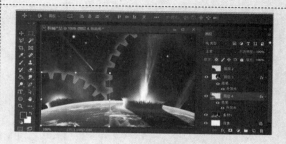

图3-4-26　添加图层样式

3. 添加产品

（1）单击"文件"→"置入嵌入对象"命令，打开"置入"对话框。

（2）将"素材"文件夹中的"素材 3"图像文件导入到文档窗口中。

（3）调整图像的位置与大小，如图 3-4-27 所示。

图 3-4-27　置入文件

（7）单击"文件"→"置入嵌入对象"命令，打开"置入"对话框。

（8）将"素材"文件夹中的"素材 2"图像文件导入到文档窗口中。

（9）调整图像的位置与大小。

（10）重复（4）～（6）步，添加图层样式，如图 3-4-29 所示。

图 3-4-29　置入图像

（16）单击"图层"面板上的"添加图层蒙版"按钮。

（17）单击工具箱中的"画笔工具"按钮。

（18）在文档窗口中涂抹蒙版，如图 3-4-31 所示。

（4）单击"图层"面板"添加图层样式"按钮。

（5）选择"外发光"命令。

（6）在"扩展"文本框中输入"10"，在"大小"文本框中输入"80"，如图 3-4-28 所示。

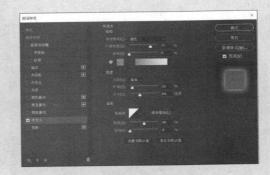

图 3-4-28　添加图层样式

（11）单击"图层"面板"图层 3"。

（12）单击"文件"→"置入嵌入对象"命令，打开"置入"对话框。

（13）将"素材"文件夹中的"素材 5"图像文件导入到文档窗口中。

（14）调整图像的位置与大小。

（15）单击"图层"面板上的"混合选项"列表，选择"线性加深"选项，如图 3-4-30 所示。

图 3-4-30　置入对象

图 3-4-31　添加蒙版

4. 添加文字

（1）单击"文本工具"按钮。

（2）在工具选项栏"字体"下拉列表框中选择"方正超粗黑简体"，设置字体。

（3）在"字号"文本框中输入"50点"。

（4）单击"设置文本颜色"按钮，设置为"白色（ffffff）"。

（5）单击文档窗口，输入"精工机械航天品质"等文本，如图3-4-32所示。

（6）单击"图层"面板"素材2"图层。

（7）单击"文本工具"按钮。

（8）在"字号"文本框中输入"30点"。

（9）单击文档窗口，输入"客服：800800"等文本，如图3-4-33所示。

图 3-4-32　输入文本

图 3-4-33　输入文本

5. 添加标志

（1）单击"文件"→"置入嵌入对象"命令，打开"置入"对话框。

（2）将"素材"文件夹中的"素材4"图像文件导入到文档窗口中。

（3）调整图像的位置与大小，如图3-4-34所示。

> **小提示**
>
> 至此，调整各元素的位置，图像制作基本完成。

图 3-4-34　置入对象

 **任务拓展**

1. 了解绘图模式

Photoshop软件中的钢笔和形状等矢量工具可以创建不同类型的对象，包括形状图层、工作路径和像素图形。选择一个矢量工具后，需要先在工具选项栏中选择相应的工具模式，然后再进行绘图操作。

选择"形状"选项后，可在单独的形状图层中创建形状。形状图层由填充区域和形状两部分组成，填充区域定义的形状的颜色、图案和图层的不透明度，形状则是一个矢量图形，它同时出现在"路径"面板中，如图3-4-35所示。

图 3-4-35　图形模式

选择"路径"选项后，可创建工作路径，它出现在"路径"面板中，如图 3-4-36 所示。路径可以转换为选区或创建矢量蒙版，也可以填充和描边从而得到光栅化的图像。

选择"像素"选项后，可以在当前图层上绘制栅格化的图形（图形的填充颜色为前景色）。由于不能创建矢量图形，因此，"路径"面板中也不会有路径，如图 3-4-37 所示。

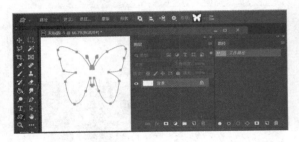

图 3-4-36　路径模式

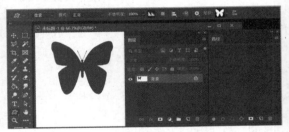

图 3-4-37　像素模式

（1）对图形进行填充和描边。选择"图形"选项后，可以在"填充"选项列表以及"描边"选项组中按下一个按钮，然后用纯色、渐变和图案对图形进行填充或描边，如图 3-4-38 所示。选择不同内容对图形进行填充的效果如图 3-4-39 所示。

图 3-4-38　填充选项

图 3-4-39　用不同的内容填充图形的效果

小提示

如果要自定义填充颜色，单击 按钮，打开"拾色器"对话框进行调整。创建形状图层后，执行"图层"→"图层内容选项"命令，可以打开"拾色器"对话框修改形状的填充颜色。

在"描边"选项组中，可以用纯色、渐变和图案为图形进行描边，如图 3-4-40 所示。

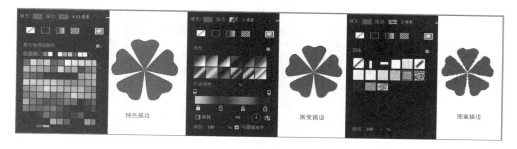

图 3-4-40　用不同的内容描边的效果

在工具选项栏中，还可以设置描边线条宽度、样式、角点等多种选项设置。

（2）路径转换操作。建立路径后，在工具选项栏中可以单击"选区""蒙版""形状"按钮，将路径转换为选区、矢量蒙版或形状图层，如图 3-4-41、图 3-4-42 和图 3-4-43 所示。

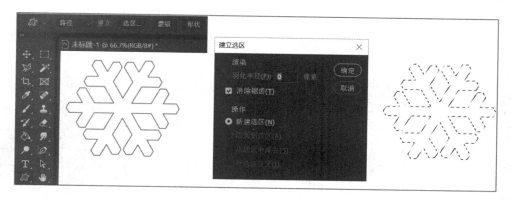

图 3-4-41　将路径转换为选区

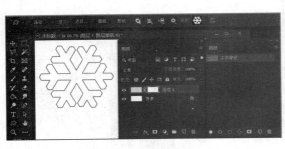
图 3-4-42　创建矢量蒙版

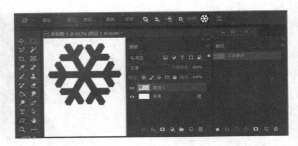
图 3-4-43　将路径转换为矢量图形

（3）像素。绘制像素图像后，用户可以设置混合模式和不透明度。

2. 认识钢笔工具

（1）钢笔工具。钢笔工具可以绘制出平滑曲线和角锚点的直线、折线或转角曲线。当选择钢笔工具时，在工具选项栏中单击形状工具旁的下拉选项按钮，选择"橡皮带"选项后，在绘制路径时，可以预先看到将要创建的路径段，从而判断路径的走向，如图 3-4-44 所示。

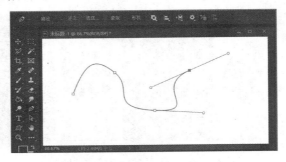
图 3-4-44　钢笔工具

（2）自由钢笔工具。用自由钢笔工具绘制图形或路径时比较随意，与套索工具的使用方法非常相似。选择该工具后，在图像中单击拖动鼠标即可绘制路径，路径的形状为鼠标指针移动的轨迹，并会自动为路径添加锚点，如图 3-4-45 所示。当选取工具选项栏中"磁性"选项后，可将自由钢笔工具转换为磁性钢笔工具。磁性钢笔与磁性套索工具的使用方法非常相似。在使用时，只需要在对象边缘单击鼠标指针，然后放开移动鼠标，沿着对象边缘就会创建路径，并且创建锚点，双击即可闭合路径。如图 3-4-46 所示。

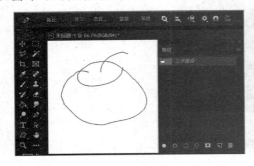
图 3-4-45　手绘路径

图 3-4-46　磁性钢笔路径

在工具选项栏中单击形状工具旁的下拉面板。"曲线拟合"和"钢笔压力"是自由钢笔工具和磁性钢笔的共同选项，"磁性的"是控制磁性钢笔工具的选项。"曲线拟合"是控制最终路径对鼠标或压感笔移动的灵敏度，该值越高，生成的锚点越少，路径也越简单；"磁性的"的"宽度"用于设置磁性钢笔工具的检测范围，该值越高，工具的检测范围就越广，"对比"用于设置工具对于图像边缘的敏感度，如果图像的边缘与背景的色调比较接近，可将该值设置得大一些，"频率"用于确定锚点的密度，该值越高，锚点的密度越大；"钢笔压力"如果电脑配置有位数板，则可以选择"钢笔压力"选项，通过钢笔压力控制检测宽度，钢笔压力的增加将导致工具检测宽度减小。

钢笔工具和自由钢笔工具不能直接绘制像素图形，但可以使用"图形"转换按钮，将矢量图形或路径转换为像素图形。

3. 编辑路径

使用钢笔工具绘图或者描摹对象的轮廓时，往往不能一次绘制准确，而是需要在绘制后，通过修改锚点的位置和编辑路径才能达到目的。

(1) 选择锚点和路径。选择锚点、路径段和路径可以使用"直接选择工具"或"路径选择工具"。使用"直接选择工具"单击一个锚点即可选择该锚点，选择的锚点为实心方块，未选中的锚点为空心方块，如图 3-4-47 所示。

使用"路径选择工具"单击路径即可选择路径。单击鼠标右键，选择路径会显示定界框，拖动控制点可以对路径进行变换操作。如果要选择多个锚点、路段或路径，按住〈Shift〉键不松，单击对象即可，也可以拖动出一个选框，将需要选择的对象框选，如图 3-4-48 所示。移动锚点、路径。选择锚点、路径段或路径后，按住鼠标左键不放并拖动，即可将其移动。

(2) 添加锚点。选择"添加锚点工具"，将鼠标指针放在路径上，当指针旁出现一个"+"时，单击即可添加一个角点，若单击移动鼠标即可添加一个平滑点。

(3) 删除锚点。选择"删除锚点工具"，将鼠标指针放在锚点上，当指针旁出现一个"-"时，单击即可删除该锚点。若使用"直接选择工具"选择锚点后，按〈Delete〉键也可以删除该锚点，但该锚点两侧路径段也会被同时删除（若是闭合路径，会变为开放路径）。

(4) 转换锚点类型。"转换点工具"用于转换锚点的类型。选择该工具后，将鼠标指针移动到锚点上，若当前锚点转换为角点，单击并拖动鼠标可将其他转换为平滑点，如图 3-4-49 所示；若当前锚点为平滑点，则单击可将其转换为角点，如图 3-4-50 所示。

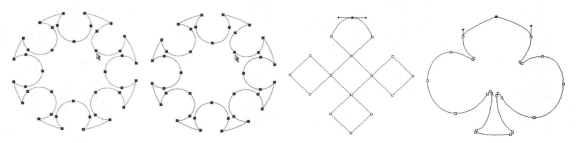

图 3-4-47　直接选择路径　　图 3-4-48　选择路径　　图 3-4-49　转换为平滑点　　图 3-4-50　转换为角点

4. 使用路径制作飘逸纱巾

（1）按〈Ctrl〉+〈N〉键，新建文件。

（2）在"新建文档"对话框的"高""宽"文本框中均输入"600"，"单位"选择"像素"。

（3）单击"图层"面板"创建新图层"按钮，创建"图层 1"。

（4）单击工具箱中的"自由钢笔工具"按钮。

（5）在图像操作窗口中任意画一条波浪线，如图 3-4-51 所示。

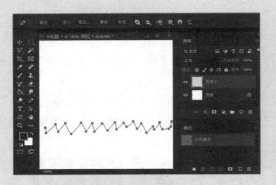

图 3-4-51　绘制路径

（6）单击工具箱中的"画笔工具"按钮。

（7）单击工具选项栏中"画笔"列表。

（8）选择"尖角像素"画笔笔尖，在"大小"文本框中输入"1 像素"，如图 3-4-52 所示。

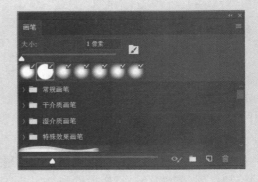

图 3-4-52　设置画笔笔尖

（9）单击工具箱中的"路径选择工具"按钮。

（10）选择路径并单击右键。

（11）选择"描边路径"命令，弹出"描边路径"对话框。

（12）在工具选项栏中选择"画笔"，如图 3-4-53 所示。

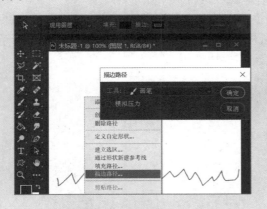

图 3-4-53　描边路径

（13）单击"编辑"→"定义画笔预设"命令，如图 3-4-54 所示。

（14）在"画笔名称"对话框中输入"纱巾画笔"。

（15）单击"确定"按钮。

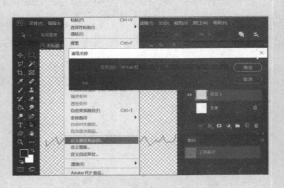

图 3-4-54　定义画笔预设

（16）按〈F5〉键，打开"画笔设置"面板。

（17）选择"纱巾画笔"笔尖。

（18）单击"画笔笔尖形状"选项，在"圆度"文本框中输入"100"，在"间距"文本框中输入"1%"。

（19）单击"形状动态"选项，在"大小抖动""角度抖动"的"控制"下拉列表框中选择"渐隐"选项，在"角度抖动""控制"文本框中输入"1300"，在"圆角抖动"文本框中输入"0"，如图3-4-55所示。

（20）单击"文件"→"置入嵌入对象"命令，将"素材5"图像文件置入到文档窗口。

（21）将前景色设置为"白色"。

（22）单击工具箱中的"画笔工具"按钮。

（23）在工具选项栏中选择"纱巾画笔"笔尖，绘制纱巾图形效果，如图3-4-56所示。

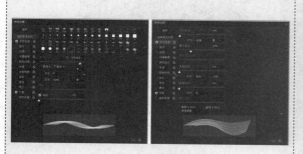

图 3-4-55 设置画笔

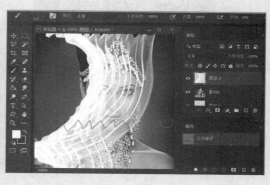

图 3-4-56 绘制纱巾

5. 认识形状工具

Photoshop 中的形状工具包括矩形工具、圆角矩形工具、椭圆工具、多边形工具、直线工具和自定形状工具。使用形状工具时，首先必须在工具选项栏中选择一种绘图模式，不同绘图模式所包含的选项也有所不同，如图3-4-57所示。

图 3-4-57 形状绘图工具选项栏

（1）矩形工具。矩形工具用来绘制矩形和正方形。选择该工具后，单击并拖动鼠标指针可以创建矩形，按住〈Shift〉键拖动鼠标指针可以绘制正方形；按住〈Alt〉键拖动鼠标指针可以以单击点为中心向外创建矩形；按住〈Shift〉+〈Alt〉键拖动鼠标指针可以以单击点为中心向外创建正方形。单击工具选项栏中的下拉按钮，可以在下拉面板中设置矩形的绘制方法，如图3-4-58所示。

① 不受约束。可以通过拖动鼠标指针创建任意大小的矩形和正方形。

② 方形。拖动鼠标指针时只能创建任意大小的正方形。

③ 固定大小：选择该选项并在其右侧的文本框中输入数值，单击鼠标指针时，只能创建预设大小的矩形。

④ 比例：选择该项并在其右侧文本框中输入数值，单击并拖动鼠标指针时，就会按预设比例

创建图形。

⑤ 从中心：以任何方式创建矩形时，鼠标指针单击画面点为矩形中心，拖动鼠标指针矩形将由中心向外扩展。

（2）圆角矩形工具。圆角矩形工具用来创建圆珠笔角矩形。它的使用方法及选项与矩形工具相同，只是多了"半径"设置选项，如图 3-4-59 所示。"半径"用来设置圆角半径，该值越高，圆角就越广。

图 3-4-58　矩形设置选项　　　　　　　　　　　图 3-4-59　圆角矩形设置选项

（3）椭圆工具。椭圆工具用来创建椭圆形和圆形。它的使用方法及选项与矩形工具相同。

（4）多边形工具。多边形工具用来创建多边形和星形。选择该工具后，首先要在工具选项栏中设置多边形或星形的边数，其值范围在 3 ～ 100 之间。单击工具选项栏中的下拉按钮打开下拉面板，在该面板中可以设置多边形的选项，如图 3-4-60 所示。

① 半径。设置多边形或星形的半径长度，单击并拖动鼠标指针时将创建指定半径大小的多边形和星形。

② 平滑拐角。创建具有平滑拐角的多边形和星形。

③ 星形。选择该项可以创建星形。在"缩进边依据"选项中可以设置星形边缘向中心缩进的数量，其值越高，缩进量越大；勾选"平滑缩进"复选框，可以使星形的边平滑地向中心缩进，如图 3-4-61 所示。

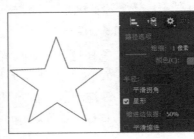

图 3-4-60　多边形选项设置　　　　　　　　　　图 3-4-61　选项设置效果

（5）直线工具。直线工具用来创建直线和箭头的线段。选择该工具后，单击并拖动鼠标可以创建直线或线段，按住〈Shift〉键可以创建水平、垂直、45°角的直线。在工具选项栏中可以设置直线的粗细和箭头选项。

（6）自定形状工具。使用自定形状工具可以创建预设形状、自定义形状或外部提供的形状。

单击"✿"按钮，打开菜单选项，用户可以根据实际需要选择"载入形状""存储形状"和选择软件预设的形状，如图3-4-62所示。选择该工具后，需要对工具选项栏中的选项设置绘制的图形，如图3-4-63所示。

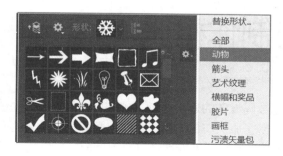

图 3-4-62　形状选择

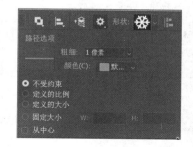

图 3-4-63　形状选项

 思考练习

1．Photoshop 软件的图形工具，能够绘制（　　　）。

　　A．路径和矢量图形　　　B．路径和像素图形　　　C．路径、矢量图形和像素图形

2．选择路径选择工具，（　　　）。

　　A．只能选择路径，移动路径，不能编辑锚点

　　B．只能选择和编辑锚点，不能移动路径

　　C．只能编辑锚点，不能选择和移动路径

3．使用"路径描边"命令后得到图形是（　　　）。

　　A．矢量图形　　　　　　B．像素图形　　　　　　C．矢量或像素图形

活动评价

在完成本次任务的过程中，我们学会了使用 Photoshop 软件设计、制作机械产品户外广告，请对照表3-4-1进行评价与总结。

表 3-4-1　活动评价表

评 价 指 标	评 价 结 果	备　　注
1．知道路径的作用	☐A ☐B ☐C ☐D	
2．能够使用图形工具绘制路径	☐A ☐B ☐C ☐D	
3．能够编辑路径	☐A ☐B ☐C ☐D	
4．能够对路径、选区、图形等进行转换	☐A ☐B ☐C ☐D	
5．能够设计与制作机械产品户外广告	☐A ☐B ☐C ☐D	

综合评价：

项目四 设计与制作相册

SECTION 4

sheji yu zhizuo xiangce

随着家庭数码设备的逐步普及，越来越多的人开始踏上了与数码照片的亲密之旅。与传统照片相比，数码照片最大的一个优势是可以通过软件进行后期处理，完成诸如照片修复、修改、调整、效果添加等功能。通过后期处理，不仅可以使原本不太理想的照片质量得到大幅改善，还可以使图像品质较差的照片通过"插值"的方式使图像的细节得以丰富，满足人们越来越高的审美需求。

数码照片后期处理大致分为一般数码照片的美化与修饰、人像数码照片的润饰、艺术数码照片的设计与制作和商业数码照片的设计与制作等几种类型。

目前的后期处理软件众多，其中 Photoshop CC 2019 是一个多功能、全面的图像处理软件，能够满足数码照片后期处理的需要，受到大多数从业人员的青睐。

本项目我们将利用 Photoshop CC 2019 软件设计和制作儿童相册、写真相册、怀旧相册和婚纱相册等任务，从而学习更多的 Photoshop CC 2019 中的修复、滤镜等操作技术。

项目目标

1. 熟练使用图像润饰工具。
2. 熟练使用图像修复工具。
3. 熟悉图像调整命令。
4. 掌握滤镜的使用方法。

项目分解

◎ **任务一** 设计与制作儿童相册
◎ **任务二** 设计与制作写真相册
◎ **任务三** 设计与制作怀旧相册
◎ **任务四** 设计与制作婚纱相册

任务一 设计与制作儿童相册

sheji yu zhizuo ertong xiangce

 任务描述

从影楼业务量来看，儿童摄影业务占了"半壁江山"。儿童相册的设计与制作，首先是要抓住"童心"，其次就是在"美"字上做文章。将活泼可爱、天真无邪的儿童照片进行艺术化处理，适当添加一些修饰元素，使相册生动活泼、形象逼真。在本任务中，我们使用 Photoshop CC 2019 的基本技术和提供的素材，设计与制作儿童相册，其效果如图 4-1-1 所示。

图 4-1-1 儿童相册效果图

 任务分析

相册的设计与制作，一般按页码的多少，可以分为若干个主题，每个主题一般采用一种风格，在用图、主色调、修饰图案等方面都要精心设计。本相册主人公是一位活泼可爱的外国小女孩，素材中提供了她学习、生活等方面的 4 张照片。在设计与制作上，以一张文静、可爱的照片作为主题图，其他学习、游戏的三张图作为衬托图。画面整体设计上以暖色调（如橙色）为主，以曲线、圆形相框作为修饰进行设计。

根据顾客需求，本相册采用 240 mm×160 mm 大小，对小女孩脸上斑点需要进行适当的修饰，让整张照片充满阳光。在完成本任务的过程中，照片的修饰主要使用减淡、加深、滤镜工具和颜色饱和度命令，在相册的装饰素材的处理过程中主要使用形状工具、蒙版和图层不透明度等技术。

任务准备

1. 了解滤镜

滤镜是 Photoshop 软件中最具吸引力的功能之一，它就像是一个魔术师，可以把普通的图像变为非凡的视觉作品。滤镜不仅可以制作各种特效，还能模拟素描、水彩、油画等绘画效果。

滤镜原来是摄影师在照相机前安装在镜头前的过滤器，用来改变照片的拍摄方式，产生特殊的摄影效果。Photoshop 软件中的滤镜是一种插件模块，能够修改图像中的像素。位图是由像素构成的，每一个像素都有固定的位置和颜色值，滤镜就是通过改变像素的位置或颜色值来生成各种特殊效果，如图 4-1-2 所示。

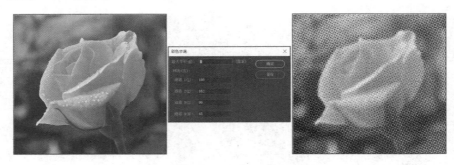

图 4-1-2　滤镜效果

Photoshop 软件中的滤镜分为三种类型，即修改类、复合类和创造类。修改类滤镜可以修改图像中的像素，如扭曲、纹理、素描等滤镜；复合类滤镜有自己的工具和独特的操作方法，更像一个独立的软件，如液化、消失点等滤镜；创造类滤镜是不需要借助任何像素便可以产生效果的滤镜。除了自身拥有数量众多的滤镜外，Photoshop 还可以使用其他厂商生产的滤镜，称为"外挂滤镜"，其效果更加富有个性。

使用滤镜处理图层中的图像时，该图层必须是可见的。如果创建了选区，滤镜只处理选区内的图像；如果没有创建选区，则处理当前图层中的全部图像，如图 4-1-3 所示。

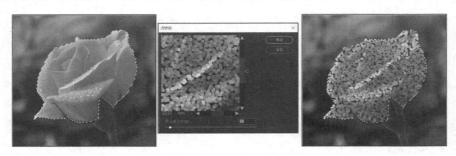

图 4-1-3　给选区添加滤镜效果

RGB 模式的图像可以使用全部滤镜，部分滤镜不能应用于 CMYK 模式的图像，索引模式和位图模式的图像不能使用滤镜，若要对索引模式和位图模式的图像应用滤镜，可以先转换其图像模式后再进行处理。

2. 了解调整命令

在一幅图像中，色彩不仅能够真实地记录下物体，还能够带给人们不同的心理感受。创造性地使用色彩，可以营造各种独特的氛围和意境，使图像更具表现力。Photoshop 软件提供了大量色彩和色调调整工具，可用于处理图像。

在"图像"菜单中包含用于调整图像色调和颜色的各种命令，如图 4-1-4 所示。其中一部分常用的命令也通过"调整"面板集中起来，方便用户快速选择，如图 4-1-5 所示。

图 4-1-4 "调整"子菜单

图 4-1-5 "调整"面板

"调整"命令主要分为以下四种类型：

（1）调整颜色和色调命令。"色阶"和"曲线"命令可以调整颜色和色调，它们是最常用、功能最强大的调整命令；"自然饱和度"和"色相/饱和度"命令用于调整色彩；"曝光度"和"阴影/高光"命令只能调整色调。

（2）匹配、替换和混合颜色命令。"通道混合器""可选颜色""匹配颜色"和"替换颜色"命令可以匹配多个图像之间的颜色，替换指定的颜色或者对颜色通道做出调整。

（3）快速调整命令。"自动色调""自动对比度"和"自动颜色"命令能够自动调整图像的颜色和色调，可以进行简单的调整，适合初学者使用；"色彩平衡""照片滤镜"和"变化"命令用于调整色彩，使用方法简单而且直观；"亮度/对比度"和"色调均化"命令用于调整色调。

（4）应用特殊颜色调整的命令。"反相""色调分离""阈值"和"渐变映射"是特殊的颜色调整命令，它们可以将图像转换为负片效果，简化为黑白图像，分离色彩或者用渐变色转换图像中原有的颜色。

调整命令可以通过两种方式来使用：一种是直接用"图像"菜单中的"调整"命令来处理图像；另一种是使用调整图层来应用这些调整命令。这两种方式可以达到相同的调整结果。它们的不同之处在于："图像"菜单中的"调整"命令修改图像的像素数据，而调整图层则不会修改像素，它是一种非破坏性的调整功能。

例如，用户分别使用两种方式对图像进行"色彩平衡"设置。使用"色彩平衡"命令调整图像，图层中的像素就会被修改，如图4-1-6所示。如果使用调整图层操作，则可在当前图层的上面创建一个调整图层，"调整"命令通过该图层对下面的图像产生影响，调整结果与使用"调整"命令的完全相同，而下面图层的像素却没有任何变化，如图4-1-7所示。

图 4-1-6　使用"调整"命令调整图像

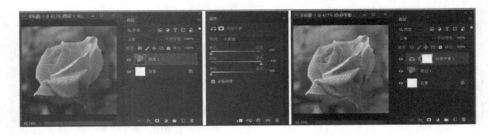

图 4-1-7　使用"调整"面板调整图像

使用"调整"命令调整图像后，用户不能修改调整参数，而调整图层却可以随时修改参数，而且，用户还可以根据需要隐藏或删除调整图层，便可以将图像恢复为原来的状态。

 任务实施

1．润饰人物

（1）启动 Photoshop CC 2019，进入操作界面。

（2）单击"文件"→"打开"命令。

（3）选择"素材1"并单击"确定"按钮。

（4）双击"背景"图层，转换为普通图层，如图4-1-8所示。

图 4-1-8　打开素材文件

（5）单击"图像"→"调整"→"色相/饱和度"命令。

（6）在"色相/饱和度"对话框的"饱和度"文本框中输入"65"。

（7）单击"确定"按钮，如图4-1-9所示。

小提示

原照片虽然清晰，但色彩饱和度不够，调整色彩饱和度可以使用"色相/饱和度"或"色彩平衡"命令来调整。

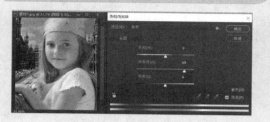

图4-1-9　设置饱和度

（12）单击工具箱中的"减淡工具"按钮。

（13）单击工具选项栏"画笔预设"，选取"柔角215像素"画笔笔尖。

（14）在"范围"下拉列表框中选择"中间调"。在"曝光度"文本框中输入"26%"。

（15）单击选择"保护色调"复选按钮。

（16）在图像中"皮肤"颜色较深处涂抹，如图4-1-11所示。

小提示

在进行"减淡"操作时，要边涂抹边观察，不要一直停留在某个区域来回涂抹，否则会将此区域的颜色擦除。

图4-1-11　减淡颜色

（8）单击工具箱中的"放大镜工具"按钮。

（9）鼠标指针单击图像操作区，将图像放大到"66.7%"。

（10）单击工具箱中的"抓手工具"按钮。

（11）鼠标指针单击并拖动图像，观察面部皮肤和手臂等需要润饰的区域，如图4-1-10所示。

图4-1-10　调整图像

（17）单击"选择"→"色彩范围"命令。

（18）在"色彩范围"对话框的"颜色容差"文本框中输入"60"。

（19）将鼠标指针移动到图像操作区，单击"脸部"颜色深的区域，经过反复单击，将图像深色部分选中，即选择的部分在"色彩范围"对话框的"预览"窗口中成白色显示，如图4-1-12所示。

（20）单击"确定"按钮。

图4-1-12　色彩取样

（21）按〈Ctrl〉+〈C〉键，复制选区内容。

（22）按〈Ctrl〉+〈V〉键，粘贴选区内容，如图 4-1-13 所示。

（23）按〈Ctrl〉+〈D〉键删除复制选区。

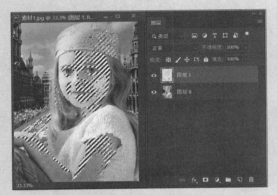

图 4-1-13　复制图层

> **小提示**
>
> "色彩范围"命令可以在整个图像中选择符合要求的图像，它与魔棒工具的选择原理相似，但该命令提供了更多的设置选项。在"色彩范围"对话框的"预览"窗口中所看到的白色区域，就是将要建立选区的区域。

（27）单击"滤镜"→"模糊"→"高斯模糊"命令。

（28）在"高斯模糊"对话框的"半径"文本框中输入"10"，如图 4-1-15 所示。

（29）单击"确定"按钮。

> **小提示**
>
> 设置模糊"半径"大小时，可以根据图像操作区图像的变化状态进行调整。

图 4-1-15　使用高斯模糊滤镜

（24）单击"滤镜"→"杂色"→"减少杂色"命令。

（25）在"减少杂色"对话框的"设置"下拉列表框中选择"默认值"选项，如图 4-1-14 所示。

（26）单击"确定"按钮。

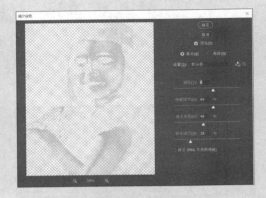

图 4-1-14　使用减少杂色滤镜

（30）单击工具箱中的"橡皮擦工具"按钮。

（31）在工具选项栏中选取"柔角20像素"画笔笔尖。

（32）在"不透明度"文本框中输入"55%"。

（33）在图像操作区"眼""鼻尖""嘴唇"等处来回涂抹，如图 4-1-16 所示。

> **小提示**
>
> 将图像中遮挡下一图层内容的部分擦除，让人像的五官更加清晰。

图 4-1-16　擦除局部内容

（34）单击工具箱中的"加深工具"按钮。

（35）在工具选项栏中选取"柔角65像素"画笔笔尖。

（36）在"曝光度"文本框输入"50%"。

（37）在图像操作区"眼珠""眉毛"涂抹，使眼睛更明亮、有神，眉毛可以稍浓一些，如图4-1-17所示。

（38）检查图像细节，完成润饰。

（39）将文件以"人物润饰.tif"保存，留以备用。

2. 创建相册背景

（1）按〈Ctrl〉+〈N〉键，创建新文件。

（2）在"新建文档"对话框中，将新文件命名为"儿童相册"。

（3）在"宽度""高度"文本框中分别输入"240"和"160"，单位选择"毫米"。

（4）在"分辨率"文本框中输入"300"，单位选择"像素/英寸"。

（5）在"颜色模式"下拉列表框中选择"CMYK颜色"，如图4-1-18所示。

（6）单击"确定"按钮。

图4-1-17 加深图像颜色

图4-1-18 "新建文档"对话框

（7）单击"图层"面板上的"创建新图层"按钮，创建"图层1"。

（8）单击"前景色"按钮，打开"拾色器（前景色）"对话框。

（9）选择"橙色（fb6307）"。

（10）单击工具箱中的"油漆桶工具"按钮。

（11）填充文档窗口，如图4-1-19所示。

（12）单击"文件"→"置入嵌入对象"命令。

（13）选择"素材"文件夹中的"素材5"图像文件。

（14）调整图像的位置与大小。

（15）在"图层"面板上"不透明度"文本框中输入"60%"，如图4-1-20所示。

图4-1-19 填充颜色

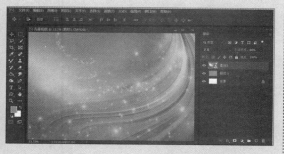

图4-1-20 置入文件

（16）单击"图层"面板"创建新图层"按钮，创建新图层。

（17）将前景色设置为"白色（ffffff）"。

（18）单击工具箱中的"椭圆工具"按钮。

（19）在工具选项栏"工具模式"下拉列表框中选择"像素"选项，在"不透明度"文本框中输入"60%"。

（20）单击并拖动鼠标，按〈Alt〉+〈Shift〉键，画一个正圆，在文档窗口显示 1/4 圆，如图 4-1-21 所示。

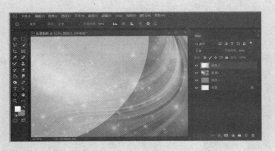

图 4-1-21　绘制图形

3. 绘制相框

（1）单击"图层"面板"创建新图层"按钮，创建新图层并重命名为"相框"。

（2）将前景色设置为"橙色（fb6307）"。

（3）单击工具箱中的"椭圆工具"按钮。

（4）在工具选项栏"工具模式"下拉列表框中选择"像素"选项。

（5）单击并拖动鼠标，同时按住〈Shift〉键，画一个正圆，如图 4-1-23 所示。

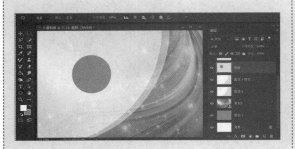

图 4-1-23　绘制图形

（21）单击工具箱中的"移动工具"按钮。

（22）移动鼠标指针到图像操作区椭圆对象上。

（23）按住〈Alt〉键，拖动椭圆对象，复制椭圆对象并创建"图层 2 拷贝"图层。

（24）调整"图层 2 拷贝"图层对象的位置，如图 4-1-22 所示。

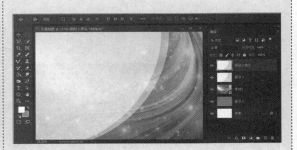

图 4-1-22　复制图层

（6）按住〈Alt〉键，单击并拖动椭圆，复制椭圆并创建"相框副本"图层。

（7）将前景色设置为"白色（ffffff）"。

（8）单击工具箱中的"油漆桶工具"按钮，给椭圆填充颜色。

（9）在"图层"面板"不透明度"文本框中输入"60%"。

（10）缩放椭圆并调整位置，如图 4-1-24 所示。

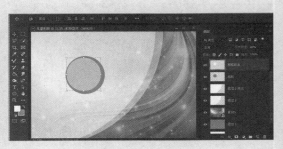

图 4-1-24　复制图形

（11）按住〈Alt〉键，单击并拖动椭圆，复制椭圆并创建"相框副本 2"图层。

（12）缩放椭圆并调整位置，如图 4-1-25 所示。

（13）按住〈Ctrl〉键，依次单击"相框""相框副本"和"相框副本 2"图层。

（14）按〈Ctrl〉+〈Alt〉+〈E〉键，盖印图层，并形成"相框副本 2（合并）"新图层，如图 4-1-26 所示。

> **小提示**
>
> 盖印就是合并图层。使用盖印图层合并图层后，原图层仍然保留。

图 4-1-25　复制图形

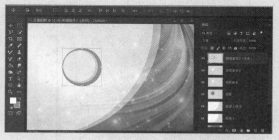

图 4-1-26　盖印图层

（15）右键单击"图层"面板上"相框副本 2（合并）"图层。

（16）选择"复制图层"命令，复制图层。

（17）调整图像的大小与位置。

（18）重复上述步骤，再复制一个图层，如图 4-1-27 所示。

4. 添加照片

（1）单击"文件"→"置入嵌入对象"命令，打开"置入嵌入的对象"对话框。

（2）将事先处理的"人物润饰 .tif"文件置入到文档窗口。

（3）调整图像大小。

（4）单击"编辑"→"变换"→"水平翻转"命令，翻转图像，调整图像的位置，如图 4-1-28 所示。

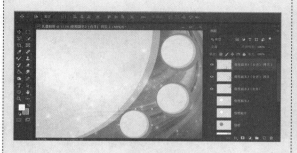

图 4-1-27　复制图形

图 4-1-28　置入图像

（5）按〈Ctrl〉键，单击"图层 2 副本"图层，建立选区。

（6）单击选择"人物润饰"图层。

（7）单击"图层"面板中"添加矢量蒙版"按钮，添加矢量蒙版，如图 4-1-29 所示。

（8）置入"素材 2"图像文件，调整大小与位置。

（9）选择"相框副本 2（合并）拷贝"图层。

（10）使用"魔棒工具"选取相框内白色区域，创建选区。

（11）单击"素材 2"图层。

（12）单击"图层"面板上的"添加矢量蒙版"按钮，创建蒙版。

> 🔍 **小提示**
>
> 重复（8）~（12）步，添加"素材 3""素材 4"图像文件，如图 4-1-30 所示。

图 4-1-29　置入文件

图 4-1-30　复制图层对象

5. 添加文字

（1）单击工具箱"钢笔工具"按钮。

（2）在工具选项栏的"工具模式"下拉列表框中选择"路径"选项。

（3）在文档窗口中绘制一条曲线路径，如图 4-1-31 所示。

（4）在图像区域绘制一条曲线路径。

（5）单击工具箱中的"横排文字工具"按钮。

（6）在工具选项栏的"字号"文本框中输入"36 点"。

（7）移动鼠标指针到路径边缘，单击确定输入点。

（8）输入"Give me light"文本。

> 🔍 **小提示**
>
> 根据画面选择适当的字体与颜色，如图 4-1-32 所示。

图 4-1-31　绘制路径

图 4-1-32　输入文本

（9）单击"图层"面板上"添加图层样式"按钮。

（10）选取"描边"命令。

（11）在"图层样式"对话框的"大小"文本框中输入"4"。

（12）单击"颜色框"，选取白色（#ffffff）。

（13）单击"确定"按钮，如图 4-1-33 所示。

（14）调整图像中各元素的位置，保存文件，完成相册的制作。

图 4-1-33　设置图层样式

任务拓展

1. 认识色彩范围

"色彩范围"命令可以根据图像的颜色范围创建选区，与使用"魔棒工具"建立选区的操作相似，但该命令提供了更多的设置选项，选择精度更高。

当我们打开一个文件，单击"选择"→"色彩范围"命令，即可打开"色彩范围"对话框。在该对话框的预览区中呈现出该图像文件，若选择"选择范围"单选按钮时，预览区的图像中的白色代表被选择的区域，黑色代表未选择的区域，若创建了羽化区即灰色表示；若选择"图像"单选按钮时，则预览区会显示彩色图像，如图 4-1-34 所示。

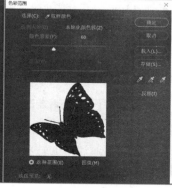

图 4-1-34　"色彩范围"对话框

（1）选择。在"选择"下拉列表框中有多种选区创建方式。选择"取样颜色"时，可将光标移动到图像操作区并单击取样颜色；若要添加另外一种颜色到选区中，单击带"+"的取样工具，然后在图像操作区单击其他颜色即可添加到选区；若从当前已经选取的颜色中减去某种颜色，单击带"-"的取样工具，单击图像操作区中需要减去的颜色即可将该颜色的区域减去。另外，在"选择"下拉列表框中还有"红""黄""绿""青""蓝"和"洋红"等特定颜色和"高光""中间调"和"阴影"等选项，即可完成特定颜色和区域的选择，如图 4-1-35 所示。

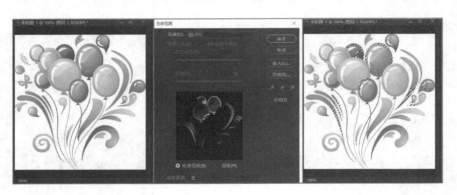

图 4-1-35　指定颜色范围

（2）本地化颜色簇 / 范围。勾选"本地化颜色簇"复选框后，则使用"范围"滑块可以控制要包含在蒙版中的颜色与取样点的最大与最小距离。

（3）颜色容差。用来控制颜色的选择范围，该项值越高，包含的颜色范围越广，如图 4-1-36 所示。

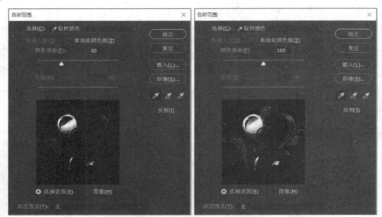

图 4-1-36　不同颜色容差选取效果

（4）选区预览。用来选择在文档窗口中预览选区的方式。选择"无"，表示不在窗口显示选区；选择"灰度"可以按照选区在灰度通道中的外观来显示选区；选择"黑色杂边"可在未选择的区域上覆盖一层白色；选择"白色杂边"可以在未选择的区域上覆盖一层白色；选择"快速蒙版"可显示选区在快速蒙版状态下的效果，如图 4-1-37 所示。

图 4-1-37　不同预览方式

（5）存储与载入。单击"存储"按钮，可以将当前的设置状态保存为选区预设；单击"载入"按钮，可以载入存储的选区预设文件。

（6）反相。可以反转选区，相当于创建了选区后，执行"反向"命令。

2. 认识图像润饰工具

图像的润饰是照片后期制作的重要环节，除了使用命令进行润饰外，模糊、锐化、涂抹、减淡、加深和海绵工具也是经常使用的润饰工具，它们可以改善图像的细节、色调以及色彩的饱和度。

（1）模糊、锐化、涂抹工具。模糊工具可以柔化图像的边缘，减少图像的细节；锐化工具可以增强图像中相邻像素之间对比，提高图像的清晰度；涂抹工具可以拾取鼠标指针单击点的颜色，并向拖动的方向展开这种颜色，模拟出类似于手指拖过湿油漆的效果。其相关参数，如图4-1-38所示。

图 4-1-38　模糊、锐化、涂抹工具选项栏

① 画笔。可以选择一个画笔，模糊、减淡或涂抹区域的大小取决于画笔的大小。

② 模式。用来设置工具的混合模式。

③ 强度。用来设置工具的强度。

④ 对所有图层取样。如果文档中包含多个图层，选择该选项后，可以对所有可见图层中的图像进行处理；若取消选择，只对当前图层中的图像进行处理。

⑤ 手指绘画。使用涂抹工具时，选择该选项后，可以在涂抹时添加前景色，涂抹时即以前景色为涂抹颜色；取消选择该选项，则使用每次鼠标指针单击点颜色为涂抹颜色。

（2）减淡、加深、海绵工具。在调节照片特定区域曝光度的传统技术中，摄影师通过减弱光线的方法使照片中的某个区域变暗、变亮或减淡，或增加曝光度使照片中的区域变暗（加深）。减淡工具和加深工具都是基于这种技术实现图像区域变亮或变暗，选择工具后，对图像操作区中的画面涂抹即可实现。海绵工具可以精确地修改色彩的饱和度。如果图像是灰度模式，该工具可通过使灰阶远离或靠近中间灰色来增加或降低对比度。减淡工具和加深工具的工具选项栏相同，海绵工具选项栏中"画笔"和"喷枪"选项与加深或减淡工具的选项相同，如图4-1-39所示。

图 4-1-39　减淡、加深、海绵工具选项栏

3. 制作人物换肤效果

（1）单击"文件"→"打开"命令。

（2）在"打开"对话框中选择"素材5"图像文件。

（3）右键单击"背景"图层，选择"复制图层"命令。

（4）将图层重命名为"副本"。

（5）单击"确定"按钮，此时的"图层"面板如图 4-1-40 所示。

（6）单击工具箱中的"减淡工具"按钮。

（7）在工具选项栏中选取"柔角80像素"画笔笔尖，在"范围"下拉列表框中选择"中间调"选项，在"曝光度"文本框中输入"40%"，单击"保护色调"按钮。

（8）单击鼠标在图像中人物肌肤上来回均匀涂抹，如图 4-1-41 所示。

图 4-1-40　复制图层

图 4-1-41　减淡图像

（9）单击工具箱中的"海绵工具"按钮。

（10）在工具选项栏中选取"柔角65像素"画笔笔尖，在"模式"下拉列表框中选择"加色"选项，在"流量"文本框中输入"50%"，单击"自然饱和度"按钮。

（11）在图像中人物肌肤上来回均匀涂抹，如图 4-1-42 所示。

（12）单击"选择"→"色彩范围"命令。

（13）在"颜色容差"文本框中输入"82"。

（14）单击选取"吸管工具"按钮。

（15）单击图像操作区中肌肤颜色较深的区域，如图 4-1-43 所示。

（16）单击"确定"按钮。

小提示

在使用"海绵工具"涂抹肌肤的时候，要根据颜色的变化酌情处理。

图 4-1-42　增加饱和度

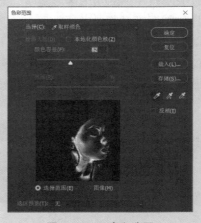

图 4-1-43　建立选区

（17）按〈Ctrl〉+〈C〉键，复制选区内图像。

（18）按〈Ctrl〉+〈V〉键，粘贴图像并创建"图层 1"图层。

（19）单击"滤镜"→"模糊"→"高斯模糊"命令。

（20）在"高斯模糊"对话框的"半径"文本框中输入"4"，如图 4-1-44 所示。

（21）单击"确定"按钮。

（22）单击"窗口"→"调整"命令。

（23）在"调整"面板中选择"色相/饱和度"选项，打开"属性"面板。

（24）在"色相"文本框中输入"+2"，在"饱和度"文本框中输入"-15"，如图 4-1-45 所示。

> **小提示**
>
> 　　调整图层是一种特殊的图层，它可以将颜色和色调调整应用于图像，但不会改变原图像的像素，因此，不会对图像产生实质性的破坏。

图 4-1-44　添加滤镜效果

图 4-1-45　调整图像

4. 认识快速调整图像

　　对于初学者来说，学习图像的色彩和色调的调整有一定的难度。Photoshop 的"图像"菜单中提供了如"亮度/对比度""色彩平衡""去色""黑白"等一系列操作，比较简单，效果比较明显的命令，适合初学者使用。

　　（1）"自动色调"命令。"自动色调"命令可以增强图像的对比度。在像素值平均分布并且需要以简单的方式增加对比度的图像中，使用该命令可以收到较好的效果，如图 4-1-46 所示。

原图　　　　自动色调

图 4-1-46　自动色调效果

　　"自动色调"命令可以自动调整图像中的黑场和白场，将每个颜色通道中最亮和最暗的像素块映射到纯白和纯黑，中间像素值按比例重新分布。

（2）"自动对比度"命令。"自动对比度"命令可以自动调整图像的对比度，使高光看上去更亮，阴影看上去更暗。该命令可以改进摄影中连续色调的图像的外观，但无法改善单调颜色图像，如图 4-1-47 所示。

图 4-1-47　自动对比度效果

（3）"自动颜色"命令。"自动颜色"命令可以自动校正偏色图像。该命令通过搜索图像来标识阴影、中间调和亮点，从而调整图像的对比度和颜色，如图 4-1-48 所示。

图 4-1-48　自动颜色效果

（4）"亮度 / 对比度"命令。"亮度 / 对比度"命令可以对图像的色调范围进行简单的调整。单击"图像"→"调整"→"亮度 / 对比度"命令，打开"亮度 / 对比度"对话框，分别拖动"亮度""对比度"选项的滑块或输入数值对当前图像的"亮度""对比度"进行改变，如图 4-1-49 所示。向左拖动滑块或在参数栏中输入负数即可降低亮度和对比度，向右拖动滑块或在参数栏中输入正数即可提高亮度和对比度。

"亮度 / 对比度"命令会对当前图像中的每个像素进行相同程度的调整（也就是线性调整），有时也可能丢失图像的细节导致图像失真。

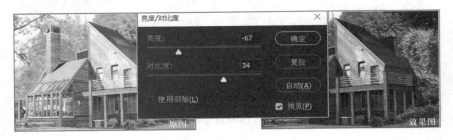

图 4-1-49　调整亮度和对比度

（5）"去色"命令。"去色"命令可以删除图像的颜色，彩色图像会变为黑白图像，不会改变图像的颜色模式。该命令可以对图层中的图像去色，也可以对选区内的图像去色，如图4-1-50所示。

图 4-1-50　去色效果

5. 模糊滤镜组的应用

模糊滤镜分为"模糊"和"模糊画廊"两组中滤镜，包含16种滤镜效果，它们可以将相邻像素的对比度降低并柔化图像，使图像产生模糊效果。去除图像的杂色或者创建特殊的效果时会经常使用这些滤镜。

（1）场景模糊。场景模糊滤镜可以通过一个或多个图钉对图像的不同区域应用模糊，如图4-1-51所示。

图 4-1-51　场景模糊滤镜

（2）光圈模糊。光圈模糊滤镜可对图像应用模糊，并创建一个椭圆形的焦点范围。它能够模拟柔焦镜头拍出的梦幻、朦胧的画面效果，如图4-1-52所示。

图 4-1-52　光圈模糊滤镜

（3）倾斜偏移。倾斜偏移滤镜可以制作出移轴镜摄影效果，如图4-1-53所示。

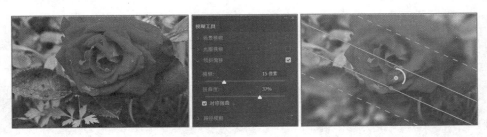

图 4-1-53　倾斜偏移滤镜

（4）表面模糊。表面模糊滤镜能够在保留边缘的同时模糊图像，该滤镜可用来创建特殊效果并消除杂色或颗粒，如图 4-1-54 所示。

图 4-1-54　表面模糊滤镜

① 半径。用来指定模糊取样区域的大小。

② 阈值。用来控制相邻像素色调值与中心像素值相差多大时才能成为模糊的一部分，色调值差小于阈值的像素将被排除在模糊之外。

（5）动感模糊。动感模糊滤镜可以根据制作效果的需要沿指定方向模糊图像，产生的效果类似于以固定的曝光时间给一个移动的对象拍照，在表现对象的速度感时会经常用到该滤镜，如图 4-1-55 所示。

图 4-1-55　动感模糊滤镜

① 角度。用来设置模糊的方向。可以输入角度值，也可以指定调整角度。

② 距离。用来设置像素移动的距离。

（6）高斯模糊。高斯模糊滤镜可以添加低频细节，使图像产生一种朦胧效果，如图 4-1-56所示。通过半径值的设置调整模糊的范围，数值越高，模糊程度超高。

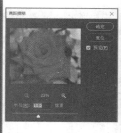

图 4-1-56　高斯滤镜

（7）径向模糊。径向模糊滤镜可以模拟缩放或旋转的相机所产生的模糊效果，如图 4-1-57 所示。

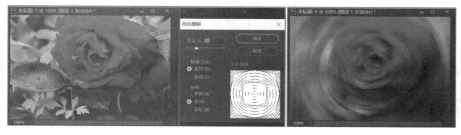

图 4-1-57　径向模糊滤镜

① 模糊方法。选择"旋转"时，图像会沿同心圆圆环线产生旋转的效果；选择"缩放"时，图像会产生放射状的模糊效果。

② 中心模糊。在该设置框内单击，可以将单击点设置为模糊的原点，原点位置不同，模糊效果也不相同。

③ 数量。用来设置模糊的强度，该值越高，模糊效果越强烈。

④ 品质。用来设置应用模糊效果后图像的显示品质。选择"草图"，处理的速度快，但效果会产生颗粒将；选择"好"或"最好"都可以产生较平滑的效果，速度稍慢一点。

（8）镜头模糊。镜头模糊滤镜是通过图像的 Alpha 通道或图层蒙版的深度值来映射图像中像素的位置，产生带有镜头景深的模糊效果。它可以使图像中的一些对象在焦点内，而另一些区域变得模糊。若要使汽车背景变得模糊，需要先制作背景选区，将它保存为 Alpha 通道，如图 4-1-58 所示。使用镜头模糊时，在对话框的"源"下拉列表框中选择该通道，即可以基于通道的选区对图像进行模糊处理，如图 4-1-59 所示。

① 更快。可以提高预览速度。

② 更加准确。可查看图像的最终效果，但需要较长的预览时间。

③ 深度映射。在"源"选项列表中可以选择使用 Alpha 通道和图层蒙版来创建深度映射。如果图像包含 Alpha 通道并选择了该项，则 Alpha 通道中的黑色区域被视为照片的前面，白色区域被视为位于远处的位置。"模糊焦距"选项用来设置位于焦点内像素的深度。选择了"相反"选项，可以反转蒙版和通道。

④ 光圈。用来设置模糊的显示方式。在"形状"选项列表中可以设置光圈的形状；通过"半径"值可调整模糊的数量；拖动"叶片弯度"滑块可对光圈边缘进行平滑处理；拖动"旋转"滑块则可旋转光圈。

图 4-1-58　镜头模糊滤镜

图 4-1-59　Alpha 通道镜头模糊滤镜

　　⑤ 镜面高光。用来设置镜面高光的范围。"亮度"选项用来设置高光的亮度；"阈值"选项用来设置亮度截止点，比该截止点值亮的所有像素都被视为镜面高光。

　　⑥ 杂色。拖动"数量"滑块可以在图像中添加或减少杂色。

 小提示

　　模糊滤镜组中还有"进一步模糊""特殊模糊"等滤镜，用户在使用的过程中，只需要根据即时变化效果设置即可。

思考练习

　　1．Photoshop 软件中的滤镜是一种插件模块，（　　）。

　　　　A．能够修改图像中的像素　　　　B．不能够修改图像中的像素

　　　　C．能够直接修改图像中的矢量图形

　　2．在 Photoshop 软件中使用滤镜时，图层中（　　）。

　　　　A．必须有像素　　　　B．没有像素也可以进行滤镜操作　　　　C．不需要像素

　　3．"自动色调"命令可以自动调整图像中的（　　），中间像素值按比例重新分布。

　　　　A．黑场　　　　B．白场　　　　C．黑场和白场

活动评价

　　在完成本次任务的过程中，我们学会了使用 Photoshop 软件设计、制作儿童相册，请对照表 4-1-1 进行评价与总结。

表 4-1-1　活动评价表

评 价 指 标	评 价 结 果				备　注
1．知道滤镜的作用	□A	□B	□C	□D	
2．能够使用模糊滤镜修改图像	□A	□B	□C	□D	
3．能够简单调整图像的颜色与亮度	□A	□B	□C	□D	
4．能够设计与制作儿童相册	□A	□B	□C	□D	

综合评价：

设计与制作写真相册

sheji yu zhizuo xiezhen xiangce

任务描述

写真艺术照片，在前期的拍摄时，其造型、服饰和灯光都必不可少，后期的制作技术更是显示艺术照片档次的关键。因此，根据不同从业者和写真艺术照片的不同用途，精心的设计与制作就显得相当重要。

一般来说，拍摄写真艺术照片的人群中，年轻女性居多。设计、制作年轻女性写真艺术相册时，除了对主题人物要进行适当的修饰以外，还要适当地添加一些修饰元素，也是照片后期处理的重要工作。这些工作的完成，用 Photoshop 完全能够实现。在本任务中，我们使用 Photoshop CC 2019 的基本技术和提供的素材，设计与制作写真相册，其效果如图 4-2-1 所示。

图 4-2-1　写真相册效果图

任务分析

青春、动感是年轻女孩写真照片的一个特点。在设计与制作相册时，要根据不同的表现主题，在构图、确定主色调、选择修饰图案等方面精心设计。本相册主人公是一位美丽的外国姑娘，素材中提供了一张面部特写照片和三张比较休闲的照片。其中特写照片的面部比较暗且脸上还有几颗"青春痘"，因此，在设计与制作的时候，必须先对特写照片进行润饰，其他三张休闲的照片可以直接用到相册中。四张图的布局，我们可以面部特写照片作为主题图，另外三张图作为衬托图。画面整体设计上以暖色调（草绿色）为背景、虚线框连接照片进行修饰。

根据顾客需求，本相册采用 300 mm×150 mm 大小，对女孩面部进行适当的修饰，然后制作背景并合理搭配其他照片，力求凸现一个"美"字。在本任务的完成过程中，照片的修饰主要使用污点修复画笔工具，以及匹配颜色和模糊滤镜等命令，在相册的装饰素材的处理过程中主要使用滤镜、路径和图层样式等技术。

 任务准备

1. 了解智能对象

智能对象是一个嵌入在当前文件中的文件，它可以是光栅图像，也可以是在其他软件中创建的矢量对象。用 Photoshop 软件处理智能对象时，不会直接应用到对象的原始数据，因此，也就不会给原始数据造成任何实质性的破坏。如图 4-2-2 所示，置入的"花 .jpg"文件就是智能对象。

图 4-2-2　置入的智能对象

非破坏性编辑是指在不破坏图像原始数据的基础上对其进行的编辑。在 Photoshop 中，使用调整图层、填充图层、中性色图层、图层蒙版、矢量蒙版、剪切蒙版、智能对象、智能滤镜、混合模式和图层样式等编辑图像都属于非破坏性的编辑。这些操作方式都有一个共同的特点，就是能够修改或者撤销，可以随时将图像恢复到原来的状态。

智能对象与普通图层相比，智能对象具有以下几点优势：一是智能对象可以进行非破坏性变换，如可以根据需要按任意比例缩放图层，而不会丢失原始图像数据或者降低图像的品质。二是智能对象可以保留非 Photoshop 本地方式处理的数据，如在嵌入 Illustrator 中的矢量图形时，Photoshop 会自动将它转换为可识别的内容。三是可以将智能对象创建为多个副本，对原始内容进行编辑后，所有与之链接的副本都会自动更新处理结果。四是将多个图层内容创建为一个智能对象后，可以简化"图层"面板中的图层结构。五是应用于智能对象的所有滤镜都是智能滤镜，智能滤镜可以随时修改参数或撤销，并且不会对图像造成任何破坏。

2. 了解描边

在 Photoshop 软件中，用户可以对图像、选区或路径进行描边操作。

（1）对图像描边。对文档窗口中的图像对象描边时，在"图层"面板中单击所要描边的图层对象，单击"编辑"→"描边"命令，打开"描边"对话框。在该对话框中，可以设置边的宽度、颜色、位置和混合样式等，如图 4-2-3 所示。

图 4-2-3　描边图像

（2）对选区描边。使用"描边"命令可以对文档窗口中建立的选区进行描边。操作时，在文档窗口中创建一个选区，单击"编辑"→"描边"命令，打开"描边"对话框，选择相关选项和参数，即可对选区进行描边操作，如图 4-2-4 所示。

图 4-2-4　描边选区

（3）对路径描边。对路径描边时，先在文档窗口中绘制一个路径，单击工具箱中的"路径选择工具"按钮，右键单击文档窗口中的路径，选择"描边路径"命令，打开"描边路径"对话框，在"工具"下拉列表框中选择描边工具，单击"确定"按钮，即可给文档窗口中的路径描边，如图 4-2-5 所示。

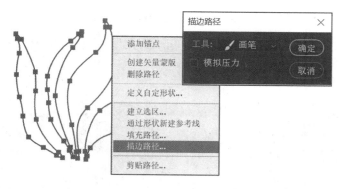

图 4-2-5　描边路径

小提示

对路径描边时，首先要设置好描边工具（如画笔）笔尖类型、大小和前景颜色。同时，单击"编辑"→"描边"命令也可以描边。

任务实施

1. 修复照片

（1）启动 Photoshop CC 2019，进入操作界面。

（2）单击"文件"→"打开"命令。

（3）选择"素材1"并单击"确定"按钮。

（4）右键单击选择"背景"图层。

（5）选择"复制图层"命令。

（6）复制并创建"背景 拷贝"图层，如图 4-2-6 所示。

（7）单击工具箱中的"污点修复画笔工具"按钮。

（8）单击工具选项栏"画笔"笔尖选项列表。

（9）在"直径"文本框中输入"55"，"硬度"文本框中输入"55%"，"间距"文本框中输入"25%"。

（10）移动鼠标指针到图像操作区，多次单击脸上"豆豆"即可修复，如图 4-2-7 所示。

小提示

"污点修复画笔工具"的图像操作区的指针大小要根据"污点"来调整。调整时，可以连续按〈[〉键缩小（或〈]〉键放大）笔尖。

图 4-2-6　打开素材文件

图 4-2-7　修复画面污点

（11）单击工具箱中的"减淡工具"按钮。

（12）单击工具选项栏"画笔"列表，选取"柔角 300 像素"画笔笔尖。

（13）在"范围"下拉列表框中选择"中间调"，在"曝光度"文本框中输入"40%"。

（14）取消选择"保护色调"复选框。

（15）在图像"皮肤"颜色较深处涂抹，如图 4-2-8 所示。

（16）单击"滤镜"→"模糊"→"表面模糊"命令。

（17）在"表面模糊"对话框的"半径"文本框中输入"25"，在"阈值"文本框中输入"8"。

（18）单击"确定"按钮，如图 4-2-9 所示。

小提示

在修改"表面模糊"参数时，要注意观察面部皮肤的变化。

图 4-2-8　减淡颜色

图 4-2-9　表面模糊滤镜

（19）单击"图像"→"调整"→"匹配颜色"命令。

（20）在"匹配颜色"对话框中选择"中和"选项。

（21）在"渐隐"文本框中输入"60"。

（22）单击"确定"按钮，如图 4-2-10 所示。

小提示

"匹配颜色"命令可以调整多个图层或选区图像颜色的明亮度和强度等，在修改参数时，一定要注意图像操作区图像的变化，适可而止。

图 4-2-10　匹配颜色

（27）右键单击选择"背景 拷贝"图层。

（28）选择"复制图层"命令，复制并创建"背景拷贝 2"图层。

（29）单击"图层"面板中"混合选项"下拉列表，选取"滤色"选项。

（30）在"图层"面板"不透明度"文本框中输入"40%"，如图 4-2-12 所示。

（31）将文件以"人物润饰 .tif"保存，留以备用。

图 4-2-12　复制图层

（23）按住〈Alt〉键，单击"图层"面板上"添加图层蒙版"按钮，给图层添加蒙版。

（24）单击工具箱中的"画笔工具"按钮。

（25）单击工具选项栏"画笔"下拉列表，选择"柔角 150 像素"笔尖，在"模式"下拉列表框中选择"正常"选项，在"不透明度"文本框中输入"100%"。

（26）在图像操作区"人物"面部来回涂抹，如图 4-2-11 所示。

图 4-2-11　添加蒙版

2. 创建相册背景

（1）单击"文件"→"新建"命令。

（2）在"新建文档"对话框中的"宽度""高度"文本框中分别输入"300"和"150"，单位选择"毫米"，在"分辨率"文本框中输入"300"，单位选择"像素 / 英寸"，在"颜色模式"下拉列表框中选择"CMYK颜色"，如图 4-2-13 所示。

（3）单击"确定"按钮。

图 4-2-13　新建对话框

（4）单击"文件"→"置入嵌入对象"命令。

（5）在"置入嵌入的对象"对话框中选择"素材 5"图像文件，单击"确定"按钮，置入到文档窗口。

（6）调整图像大小与位置，如图 4-2-14 所示。

（7）单击"滤镜"→"扭曲"→"波浪"命令。

（8）在"波浪"对话框的"生成器数"文本框中输入"30"，"类型"选择"正弦"单选按钮。

（9）在"波长"栏的"最小"与"最大"文本框中分别输入"20"和"50"。

（10）在"波幅"栏的"最小"与"最大"文本框中均分别输入"20"和"50"，单击"确定"按钮，如图 4-2-15 所示。

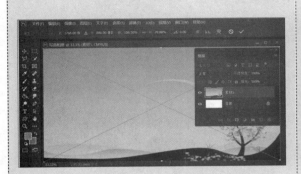

图 4-2-14　置入文件

图 4-2-15　添加滤镜

3. 添加人物

（1）单击"文件"→"置入嵌入对象"命令。

（2）在"置入嵌入的对象"对话框中选择事先制作的"人物润饰 .tif"图像文件，单击"确定"按钮置入到文档窗口。

（3）单击工具箱中的"移动工具"按钮。

（4）在工具选项栏的"角度"文本框中输入"-20"，调整图像大小与位置，如图 4-2-16 所示。

（5）单击"图层"面板"添加图层样式"按钮。

（6）勾选"投影"复选框。

（7）在"图层样式"对话框的"距离"与"大小"文本框中分别输入"10"。

（8）其他参数均为默认值，单击"确定"按钮，如图 4-2-17 所示。

图 4-2-16　置入文件

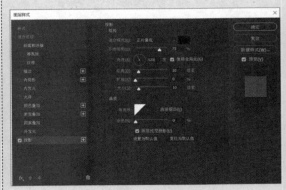

图 4-2-17　设置图层样式

（9）勾选"描边"复选框。

（10）在"大小"文本框中输入"10"，在"位置"下拉列表框中选择"内部"选项，如图 4-2-18 所示。在"选择描边颜色"对话框中选择"白色（ffffff）"。

（11）单击"确定"按钮。

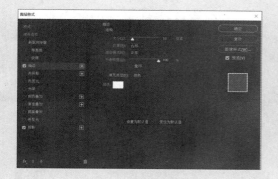

图 4-2-18　添加图层样式

（15）双击"图层"面板"素材 4"缩略图，打开"素材 4"文件。

（16）单击工具箱中的"裁剪工具"按钮，剪去图像中多余的部分，如图 4-2-20 所示。

（17）单击"素材图 4"文件的"关闭"按钮，在弹出对话框中单击"是"按钮。

（18）返回到"写真相册"文件。

> 🐾 **小提示**
>
> 修改智能图层中的文件，只对置入后的图像起作用，原文件（如"素材 4"）不受影响。

图 4-2-20　裁剪图像

（12）单击"文件"→"置入嵌入对象"命令。

（13）在"置入嵌入的对象"对话框中选择"素材 2"并置入到文档窗口。

（14）调整图像大小与位置。

> 🐾 **小提示**
>
> 采取同样的方法，将"素材 3"和"素材 4"置入到文档窗口，如图 4-2-19 所示。

图 4-2-19　置入文件

（19）单击"图层"面板"添加图层样式"按钮，勾选"描边"复选框。

（20）在图层样式对话框中的"大小"文本框中输入"10"，在"位置"下拉列表框中选择"居中"选项。

（21）单击"颜色"框。

（22）选择描边颜色为"白色（ffffff）"。

（23）单击"确定"按钮，如图 4-2-21 所示。

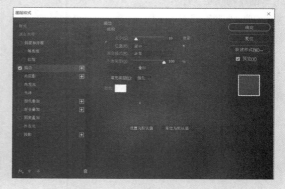

图 4-2-21　添加图层样式

（24）右键单击"素材2"图层。

（25）在右键菜单中选择"拷贝图层样式"命令，如图4-2-22所示。

（26）右键单击"素材3"图层。

（27）在右键菜单中选择"粘贴图层样式"命令。

小提示

采取同样的操作方法，给"素材4"图层添加图层样式。这种添加图层样式的方法既省事又可以给图像中一组相同对象添加同样参数的图层样式，使图像更加协调一致。

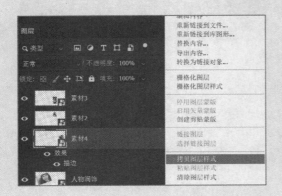

图 4-2-22　拷贝图层样式

（6）单击"素材5"图层，单击"添加新图层"按钮，创建新图层。

（7）单击工具箱中的"画笔工具"按钮，单击工具选项栏中的"切换画笔面板"按钮。

（8）在"画笔"面板中选择"尖角"笔尖，在"大小"文本框中输入"20像素"，在"间距"文本框中输入"150"，如图4-2-24所示。

4. 添加图案

（1）单击工具箱中的"矩形工具"按钮。

（2）在工具选项栏的"工具模式"下拉列表框中选择"路径"选项。

（3）在图像操作区单击并拖动鼠标绘制一个矩形路径，如图4-2-23所示。

（4）双击"路径"面板上"工作路径"。

（5）单击"存储路径"对话框中的"确定"按钮，保存路径。

小提示

当把创建的"工作路径"存储后，下一次再绘制路径时，软件会自动创建一个新路径层。

图 4-2-23　绘制路径

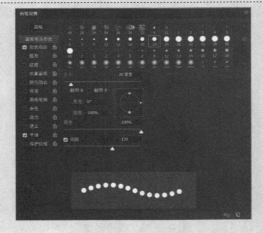

图 4-2-24　设置画笔

（9）将工具箱中的"前景色"设置为"白色（ffffff）"。

（10）单击工具箱中的"路径选择工具"按钮。

（11）移动鼠标指针到路径边缘单击右键。

（12）在右键菜单中选择"描边路径"命令。

（13）在"描边路径"对话框中选择"画笔"选项。

（14）单击"确定"按钮即可见到描边效果，如图4-2-25所示。

> **小提示**
>
> 在进行"描边路径"操作前，必须对其使用的工具（如画笔、橡皮擦等）的"画笔笔尖"的类型和大小进行选择与设置。

图 4-2-25　描边路径

5. 添加文字

（1）单击工具箱中的"横排文字工具"按钮。

（2）在工具选项栏的"字体"下拉列表框中选择"方正胖头鱼简体"，在"字号"文本框中输入"60点"。

（3）在文档窗口中输入"我秀我美丽"文本，如图4-2-26所示。

（4）分别选择文本中的每一个字，将"字号"改为"45点"。

> **小提示**
>
> 根据画面，给文字设置不同的颜色。

图 4-2-26　添加文字

（5）单击"图层"面板上"添加图层样式"按钮。

（6）勾选"描边"复选框，打开图层样式对话框。

（7）在"大小"文本框中输入"10像素"，在"位置"下拉列表框中选择"外部"选项，描边颜色选择"白色（ffffff）"，如图4-2-27所示。

（8）单击"确定"按钮。

（9）调整图像中各元素的位置，保存文件，完成相册的制作。

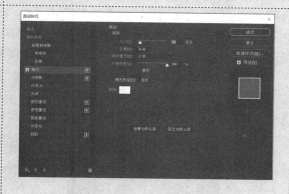

图 4-2-27　添加图层样式

 任务拓展

1. 认识图像修复工具

在传统的摄影中，处理照片总是离不开暗房这一环节，而数码照片的后期处理，可以轻松地完成传统相机上需要花费大量人力和物力才能够实现的特殊拍摄效果。Photoshop 提供了多个用于处理照片的修复工具，如污点修复画笔工具、修复画笔工具、修补工具、混合工具和红眼等工具，它们可以快速修复图像中的污点和瑕疵。

（1）污点修复画笔工具。污点修复画笔工具可以快速除去图像中的污点、划痕等。使用图像或图案的样本像素进行绘画，并将样本像素的纹理、光照、透明度和阴影与被修复的像素匹配，如图 4-2-28 所示。修复画笔要求指定样本，而污点修复画笔可以自动从被修复区域的周围取样。

图 4-2-28　污点修复画笔工具操作效果

① 模式。用来设置修复图像时使用的混合模式。除"正常""正片叠底"和"滤色"等模式外，该工具还包含了一个"替换"模式。选择"替换"模式后，可以保留画笔描边的边缘处的杂色、胶片颗粒和纹理。

② 类型。用来设置修复方法。选择"近似匹配"选项，可以使用修复区域周围的像素去修复被修复的区域；选择"创建纹理"选项，可以使用选区中的所有像素创建一个用于修复该区域的纹理，若一次效果不明显，可以再次尝试，也可以选择"近似匹配"再次修复；选择"内容识别"选项，可以使用选区周围的像素进行修复。

③ 对所有图层取样。如果当前文件中包含多个图层，选择该选项时，可以从所见图层中对数据进行取样；取消选择该选项，则只对当前图层取样。

（2）修复画笔工具。修复画笔工具也可使用图像或图案的样本像素来绘画，如图 4-2-29 所示。该工具可以从被修饰区域的周围取样或选择图案对图像进行修复，并能够将样本的纹理、光照、透明度和阴影等与修复的像素匹配，从而去除照片中的污点或划痕，其效果比较逼真。

图 4-2-29　修复画笔工具效果

① 模式。在下拉列表框中可以设置修复的混合模式，若选择"替换"模式，可保留画笔描边的边缘处杂色、胶片颗粒和纹理。

② 源。设置用于修复的像素的来源。单击"取样"复选按钮，按住〈Alt〉键，单击图像中

的区域取样，然后在需要修复的区域反复涂抹，修复图像；单击"图案"复选按钮，然后在需要修复的区域反复涂抹，以所选择的图案修复图像。

③ 对齐。选择该选项，会对像素进行连续取样，在修复过程中，取样点随修复位置的移动而变化；取消该选项，则在修复过程中始终以一个取样点为起始点。

④ 样本。用来设置从指定的图层中进行数据取样。如果需要从当前图层及其下方的可见图层中取样，应该选择"当前和下方图层"选项；若从当前图层中取样，应该选择"当前图层"选项；若从所有可见图层中取样，应该选择"所有图层"选项；若要从调整图层以外所有可见图层中取样，应该选择"所有图层"，然后单击选项右侧的忽略调整图层按钮。

（3）修补工具。修补工具可以用其他区域或图案中的像素来修复选中的区域。与修复画笔工具一样，修补工具也能够将样本像素的纹理、光照和阴影与源像素进行匹配，但该工具的特别之处是，需要选区来定位修补范围。

① 源。选择"源"时，将选区拖至被修补的区域，放开鼠标按键后，该区域的图像会修补原来的选区，如图 4-2-30 所示。

图 4-2-30　选择"源"选项修补的效果

② 目标。若选择"目标"，将选区拖至其他区域时，可以将原选区的内的图像复制到该区域，如图 4-2-31 所示。

图 4-2-31　选择"目标"选项修补的效果

③ 透明。选择该选项时，可以使修补的图像与原图像产生透明的叠加效果。

④ 使用图案。在图案下拉面板中选择一个图案选项后，单击该按钮，可以使用图案修补选区内的图像。

⑤ 扩散。用来控制修复的区域能够以多快的速度适应周围的图像。一般来说，较低的滑块值

适合具有颗粒或良好细节的图像，而较高的值适合平滑的图像。

（4）内容感知移动工具。内容感知移动工具又称"混合工具"，混合工具可将选中的对象移动或扩展到图像的其他区域后，重组和混合对象，产生混合的视觉效果。操作时，选择混合工具，在文档窗口中绘制需要混合的区域，移动选区，软件会自动生成混合效果，如图 4-2-32 所示。

图 4-2-32　混合工具效果

在混合工具选项栏中，可以选择"新选区""添加到选区"按钮，建立选区。

① 移动。在"移动"选项列表中有"移动"和"扩展"两个选项。选择"移动"选项，可以将选区中的内容移动到其他区域，选区中的对象会与新区域混合，而被移动后的区域也会结合周围的环境生成混合效果。

② 结构。在"结构"下拉列表框中，可以选择"1"～"7"数字来设置混合的效果。如果输入"7"，修补内容将严格遵循现有图像的图案；如果输入"1"，则修补结果会最低限度地符合现有图像图案。用户可以根据图像处理的需要，选择合适的数字等级。

③ 颜色。在"颜色"下拉列表框中，可以选择"0"～"10"数字来设置修补内容的算法颜色混合。如果输入"0"，将禁用颜色混合；如果输入"10"，则将应用最大值颜色混合。

④ 对所有图层取样。如果文件中包含多个图层，选取该选项，可以从所有图层的图像中取样。

⑤ 投影时变换。可以先应用变换，再混合图像。也就是选择该选项，并拖曳选区内的图像后，选区上方会出现定界框，此时可以对图像进行变换（缩放、旋转和翻转），完成变换之后，单击"内容感知移动工具"按钮才正式混合图像。

（5）红眼工具。红眼工具可以消除闪光灯拍摄的人物照片中的红眼，如图 4-2-33 所示，也可以消除用闪光灯拍摄的动物照片中白色或绿色反光。

图 4-2-33　红眼工具效果

① 瞳孔大小。用来设置瞳孔（眼睛暗色的中心）的大小。

② 变暗量。用来设置瞳孔的暗度。

2. 消除眼角皱纹

（1）单击"文件"→"打开"命令。

（2）在"打开"对话框中选择"素材6"图像文件。

（3）选择"图层"面板中"背景"图层。

（4）单击右键，选择"复制图层"命令。

（5）在"复制图层"对话框中重命名为"副本"。

（6）单击"确定"按钮，如图4-2-34所示。

（7）单击工具箱中的"修复画笔工具"按钮。

（8）在工具选项栏中选取"柔角87像素"画笔笔尖，在"模式"下拉列表框中选择"正常"选项，将"源"设置为"取样"。

（9）单击"对齐"选项。

（10）按住〈Alt〉键，单击皱纹边缘区域取样。

（11）经过多次取样与绘图，去掉皱纹，如图4-2-35所示。

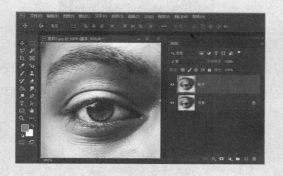

图 4-2-34　复制图层

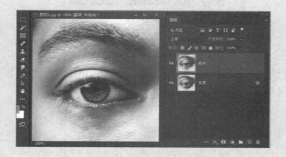

图 4-2-35　修复图像

（12）单击"图层"面板"副本"图层并拖动到"创建新图层"按钮，创建新图层。

（13）单击"滤镜"→"模糊"→"表面模糊"命令。

（14）在"表面模糊"对话框的"半径"文本框中输入"35"，在"阈值"文本框中输入"25"。

（15）单击"确定"按钮，如图4-2-36所示。

（16）按住〈Alt〉键，单击"图层"面板上"添加图层蒙版"按钮，给图层添加蒙版。

（17）单击工具箱中的"画笔工具"按钮。

（18）单击工具选项栏中"画笔"列表，选择"柔角"笔尖。

（19）在图像操作区"脸"的光洁部位来回涂抹，如图4-2-37所示。

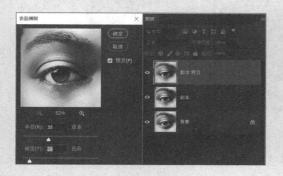

图 4-2-36　表面模糊滤镜

图 4-2-37　添加图层蒙版

3. 了解色彩平衡

"色彩平衡"命令用于调整图像中的总体颜色，特别是用来消除偏色的操作效果更加明显，但是"色彩平衡"命令对图像只是一个粗略调整。

（1）色彩平衡。当打开一个图像文件，在"色彩平衡"对话框的"色阶"文本框中输入参数或拖动颜色滑块即可增加和减少某种颜色来实现对图像色彩的调整，如图4-2-38所示。

图 4-2-38 调整色彩平衡

（2）色调平衡。在"色彩平衡"对话框中，可以选择"阴影""中间调"和"高光"中任意一种实现色调的调整，勾选"保持明度"复选框以防止图像的亮度值随颜色的改变或变化，从而保持图像的色彩平衡。

4. 了解"黑白"命令

"黑白"命令可以将彩色图像转换为灰度图像，同时该命令提供了多种选项，可以同时保持对各种颜色的转换方式进行完全控制。还可以为灰度图像进行着色的操作。当打开一个文件时，其默认设置是基于图像中的颜色转换为灰度，如图4-2-39所示。

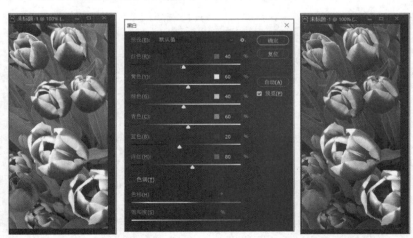

图 4-2-39 "黑白"对话框

在"预设"下拉列表框中可以选择一种预设的调整设置创建不同的黑白效果，如图4-2-40所示。若需要保存当前的调整结果，单击"预设"栏的右侧下拉三角形按钮，选择"存储预设"命令即可实现。

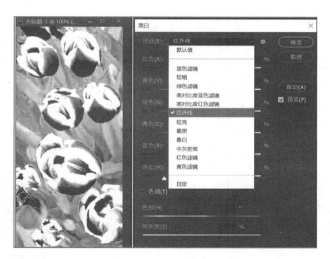

图 4-2-40　预设选项

　　拖动"黑白"对话框中各种颜色滑块可以调整图像中特定颜色的灰色调。若要对某种颜色进行更加细致的调整，可以用鼠标指针单击该区域并拖动鼠标移动颜色条上的滑块，使该颜色在图像中变暗或变亮。同样也可通过鼠标指针单击某区域选择颜色，然后移动颜色滑块来调整图像的亮度。按住 Alt 键单击某种颜色预览框可以复位到初始设置，同时"黑白"对话框中的"取消"按钮也会变为"复位"按钮，单击"复位"按钮即可将该对话框中的所有颜色恢复到初始设置。

　　若想对图像应用色调，选择"色调"选项，并调整"色相"和"饱和度"的滑块即可实现。"色相"滑块可以更改色调颜色，"饱和度"滑块可提高或降低颜色的集中度，单击"色调"旁边的颜色块可以进入"拾色器"对话框进一步选择色调颜色。

5. 了解自然饱和度

　　如果要调整图像的饱和度，而又要在颜色接近最大饱和度时最大限度地减少修剪，可以使用"自然饱和度"命令进行调整。在"自然饱和度"对话框中有"自然饱和度"和"饱和度"两个滑块，如图 4-2-41 所示，向左移动滑块可以减少饱和度，向右移动时，可以增加饱和度。

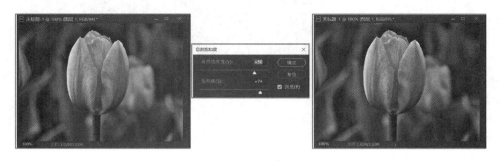

图 4-2-41　自然饱和度效果

　　（1）自然饱和度。拖动该滑块调整饱和度时，可以将更多调整应用于不饱和的颜色并在颜色接近完全饱和时避免颜色修剪。使用"自然饱和度"滑块调整人物图像时，可以防止肤色过度饱和。

（2）饱和度。拖动该滑块调整饱和度时，可以将相同的饱和度调整用于所有的颜色。

6. 了解"色调分离"命令

"色调分离"命令可以按照指定的色阶数减少图像的颜色，给照片中创建特殊效果。在创建比较单调的区域时，该命令非常有用，它也会在彩色图像中产生有趣的效果。在执行"色调分离"命令时，若要显示更多的细节，可以增加色阶，若要显示更为简化的图像则减少色阶，如图 4-2-42 所示。

图 4-2-42　色调分离效果

7. 扭曲滤镜组的应用

扭曲滤镜组中包含 9 种滤镜，它们可以对图像进行几何扭曲，创建三维或其他整形效果。在处理图像时，这些滤镜会占用大量内存，若文件较大，可以缩小尺寸先试效果后正式使用。

（1）波浪。波浪滤镜可以在图像上创建波浪起伏的图案，生成波浪效果，如图 4-2-43 所示。

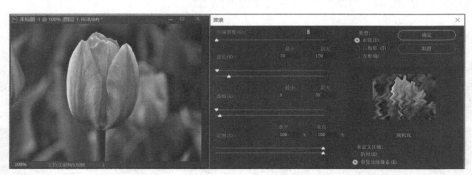

图 4-2-43　波浪滤镜效果

① 生成器数。用来设置产生波浪效果的震源总数。

② 波长。用来设置相邻两个波峰的水平距离，它分为最小波长和最大波长两部分，最小波长不能超过最大波长。

③ 波幅。用来设置最大与最小的波源，其中最小的波幅不能超过最大的波幅。

④ 比例。用来控制水平和垂直方向波动的幅度。

⑤ 类型。用来设置波浪的形态，包括"正弦""三角形"和"方形"。

⑥ 随机化。单击该按钮可以随机改变波浪的效果。

⑦ 未定义区域。用来设置如何处理图像中出现的空白区域，选择"折回"可在空白区域填入溢出的内容；选择"重复边缘像素"可以填入扭曲边缘的像素颜色。

（2）波纹。波纹滤镜与波浪滤镜的工作方式相同，其面板设置选项较少，只能控制波纹的数量和大小，如图 4-2-44 所示。

图 4-2-44 波纹滤镜效果

（3）极坐标。极坐标滤镜可以将图像从平面坐标转换为极坐标，或者从极坐标转换为平面坐标，使用该滤镜可以创建曲面扭曲效果，如图 4-2-45 所示。

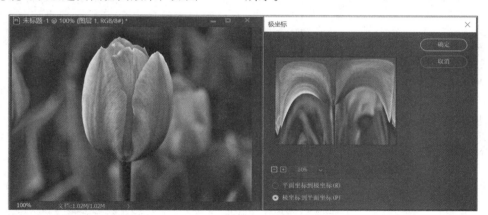

图 4-2-45 极坐标滤镜效果

（4）挤压。挤压滤镜可以将整个图像或选区内的图像向内或向外挤压。在"挤压"对话框中，"数量"用于控制挤压程度，该值为负值时图像向外凸出，为正值时图像向内凹陷，如图 4-2-46 所示。

（5）切变。切变滤镜是比较灵活的滤镜，使用时可以按照设定的曲线来扭曲图像，如图 4-2-47 所示。在"切变"对话框中，单击曲线可以添加控制点，通过拖动控制点改变曲线的形状。若要删除某个控制点，将其拖至对话框外即可，单击"默认"按钮可以将曲线恢复到直线状态。

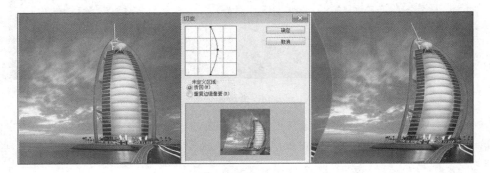

图 4-2-46　挤压滤镜效果

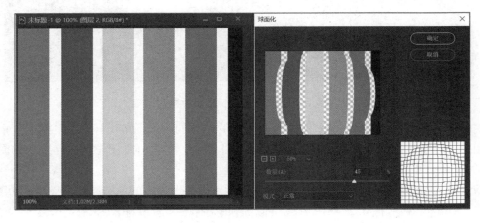

图 4-2-47　切变滤镜效果

① 折回。在空白区域中填入溢出图像之外的图像内容。

② 重复边缘像素。在图像边界不完整和空白区域填入扭曲边缘的像素颜色。

（6）球面化。球面化滤镜通过将图像或选区变成球形，扭曲图像以及伸展图像来适合选中的曲线，使图像产生三维效果，如图 4-2-48 所示。

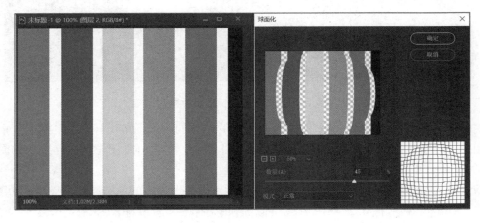

图 4-2-48　球面化滤镜效果

① 数量。用来设置挤压程度，该值为正值时，图像向外凸起，为负值时向内收缩。

② 模式。在该选项的下拉列表框中可以选择"正常""水平优先"和"垂直优先"等挤压方式。

（7）水波。水波滤镜可以模拟水池中的波纹，在图像或选区中产生类似于向水池中投入石子后水面的变化形态，如图 4-2-49 所示。

图 4-2-49 水波滤镜效果

① 数量。用来设置波纹的大小，范围为 -100 ～ 100，负值产生下凹的波纹，正值产生上凸的波纹。

② 起伏。用来设置波纹数量，范围为 1 ～ 120，其值越高，产生的波纹越多。

③ 样式。用来设置波纹形成的方式，有"围绕中心""从中心向外""水池小组纹"等几种模式。

（8）旋转扭曲。旋转扭曲滤镜可以使图像产生旋转轮的效果，旋转会围绕图像中心进行，如图 4-2-50 所示。"角度"值为正值时沿顺时针方向扭曲，为负值时沿逆时针方向扭曲。

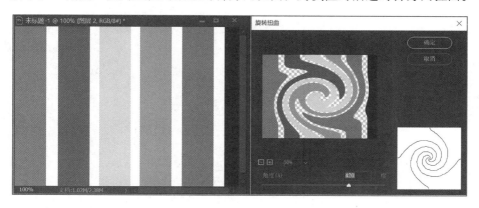

图 4-2-50 旋转扭曲滤镜效果

思考练习

1．在 Photoshop 软件中，智能图层是一个嵌入在当前文件中的文件，（　　）。

　　A．它不可以栅格化　　B．它可以栅格化　　C．若栅格化该图层后，原文件也被修改

2．在 Photoshop 软件中，"描边"命令只能描边（　　）。

　　A．图像　　　　　　　B．路径　　　　　　　C．图像和选区

3．收集一张有污点的图像，使用修复画笔工具去除污点。

 活动评价

　　在完成本次任务的过程中，我们学会了使用 Photoshop 软件设计、制作写真相册，请对照表 4-2-1 进行评价与总结。

表 4-2-1　活动评价表

评 价 指 标	评 价 结 果	备　注
1．知道智能对象的作用	□A　□B　□C　□D	
2．能够使用图像润饰工具修复图像	□A　□B　□C　□D	
3．能够调整图像的颜色和色调	□A　□B　□C　□D	
4．能够设计与制作写真相册	□A　□B　□C　□D	
综合评价：		

任务三 设计与制作怀旧相册
sheji yu zhizuo huaijiu xiangce

 任务描述

怀旧是人之常情，在物质生活日益丰富的今天，这种怀旧情愫更加浓烈，于是怀旧文化悄然兴起，怀旧文化产品也应运而生，怀旧相册就是其中的一种。

怀旧相册的设计与制作已成为摄影行业必不可少的业务。怀旧相册并不是简单意义上的黑白照片集，它是将过去的摄影与现代设计制作技术相融合，在旧照片的基础上翻新出深层次的意境和情结。因此，一个怀旧相册应当有一个主题，并用一条线索将旧照片和辅助背景等元素有机地组合起来，形成一个整体。由于旧照片色调不一，在制作相册时也要进行技术处理，达到协调美观的艺术效果。

在本任务中，我们将利用 Photoshop 图像处理技术和已经提供的素材尝试制作主题为"船长之梦"的怀旧相册，其效果如图 4-3-1 所示。

图 4-3-1 怀旧相册效果图

 任务分析

怀旧相册的设计如前所述，首先要确定一个主题，本相册主人是一位富有朝气的外国小男孩，他从小就想当一名船长，几张旧照片是他梦想时代逐步成长的写照。因此我们可以用"船长之梦"作为相册主题，按成长顺序把几张照片串起来，再以帆船、船舵为背景图，以暗黄色为底色，意境就可以出来了。

根据提供的素材看，相册主人有一张照片已经发黄，需要进行修复处理，还有两张是彩色的，需要重新调整色彩和色调，使各张照片与相册整体画面协调一致。

在完成本任务的过程中，我们将使用修复画笔工具、曲线命令、模糊滤镜、路径和图层样式等技术，相信大家会有所收获。

 任务准备

1. 认识图章工具

图章工具也是修复图像的利器。Photoshop 提供了仿制图章和图案图章两种图章工具。

（1）仿制图章工具。仿制图章工具可以从图像中复制信息，然后应用到其他区域或者图像中，该工具常用于复制对象或去除图像中的缺陷。要使用仿制图章工具，单击工具箱中的"仿制图章工具"按钮，其工具选项栏中的选项，除了"对齐"和"样本"外，其他选项与画笔工具选项相同，如图 4-3-2 所示。

图 4-3-2　仿制图章工具选项栏

① 对齐。选择该项时，可以对像素进行连续取样，而不会丢失当前的取样点，即使松开鼠标左键时也是如此。取消选择时，则会在每次停止并重新开始绘画时使用初始取样点中的样本像素，因此，每次单击都被认为是新的一次复制。

② 样本。用来选择从指定的图层中进行数据取样，取样时，按住〈Alt〉键，单击取样区域即可完成取样。如果需要从当前图层及其下方的可见图层中取样，应该选择"当前和下方图层"选项；若从当前图层中取样，应该选择"当前图层"选项；若从所有可见图层中取样，应该选择"所有图层"选项；若要从调整图层以外所有可见图层中取样，应该选择"所有图层"，然后单击选项右侧的忽略调整图层按钮。其绘图效果如图 4-3-3 所示。

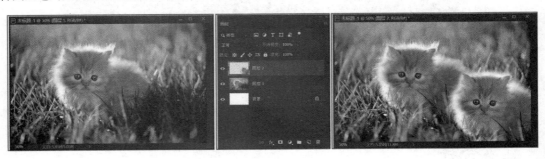

图 4-3-3　仿制图章工具应用效果

（2）图案图章工具。图案图章工具可以使用 Photoshop 软件提供的图案或者自定义的图案进行绘画，如图 4-3-4 所示，其工具选项栏中的"模式""不透明度""流量""喷枪"等工具与仿制图章工具、画笔工具相同。

图 4-3-4　图案图章工具选项栏

① 对齐。选择该选项，可以保持图案与原始起点的连续性，即使多次单击鼠标也不会改变其连续性；取消选择时，每次单击鼠标都会重新应用图案，如图 4-3-5 所示。

图 4-3-5　图案图章应用效果

② 印象派效果。选择该选项后，可以使用图案图章工具模拟出印象派效果的图案，如图 4-3-6 所示。

柔软画笔绘制印象派效果　　　　　尖角画笔绘制印象派效果

图 4-3-6　印象派效果

2. 了解在选区中生成蒙版

当文档窗口中有选区时，单击"图层"面板上"添加蒙版图层"按钮，从选区中生成蒙版，选区的图像形成可见的，选区外的图像会被蒙版遮盖，如图 4-3-7 所示。

图 4-3-7　从选区中生成蒙版

任务实施

1. 修复照片

（1）启动 Photoshop CC 2019，进入操作界面。

（2）单击"文件"→"打开"命令。

（3）选择"素材1"并单击"确定"按钮。

（4）右键单击选择"背景"图层。

（5）选择"复制图层"命令。

（6）复制并创建"背景 拷贝"图层，如图4-3-8所示。

（7）单击"滤镜"→"杂色"→"减少杂色"命令。

（8）在"减少杂色"对话框的"强度"文本框中输入"9"，"保留细节"文本框中输入"50%"，"减少杂色"文本框中输入"60%"，"锐化细节"文本框中输入"25%"。

（9）单击"确定"按钮，如图4-3-9所示。

图4-3-8 "背景 拷贝"图层

图4-3-9 "减少杂色"对话框

（10）单击"图像"→"调整"→"色阶"命令。

（11）在"色阶"对话框的"中间调"文本框中输入"1.5"。在"高光"文本框中输入"220"，如图4-3-10所示。

（12）单击"确定"按钮。

（13）单击工具箱中的"仿制图章工具"按钮。

（14）在工具选项栏中选择"柔角画笔"，"大小"设置为"200"。

（15）按住〈Alt〉键，单击照片白色区域取样，然后涂抹照片右上角发黄区域，如图4-3-11所示。

（16）经过多次取样与修复，完成照片的修复。

> **小提示**
>
> 每次取样的区域最好选择在需要修复区域的边缘，使修复后的区域与相邻区域色调和颜色基本一致。

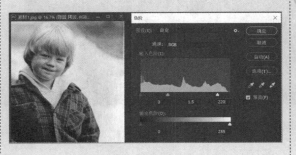

图4-3-10 "色阶"对话框

图4-3-11 仿制图像

（17）单击工具箱中的"快速选择工具"按钮。

（18）选择照片中人物的"面部"，建立选区，如图 4-3-12 所示。

（19）按〈Ctrl〉+〈C〉键，复制选区图像。

（20）按〈Ctrl〉+〈V〉键，粘贴选区图像，并创建"图层 1"图层。

（21）单击"滤镜"→"模糊"→"表面模糊"命令。

（22）在"表面模糊"对话框的"半径"文本框中输入"10"，在"阈值"文本框中输入"15"，如图 4-3-13 所示。

（23）单击"确定"按钮。

图 4-3-12 建立选区

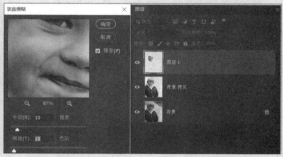

图 4-3-13 添加滤镜

（24）按住〈Ctrl〉键，单击"背景 副本"和"图层 1"图层。

（25）按〈Ctrl〉+〈Alt〉+〈E〉键，盖印图层。

（26）单击"图像"→"模式"→"Lab"命令，将 RGB 转换为 Lab 颜色模式。

（27）单击"通道"面板，选择"明度"通道，即可看到黑白效果图，如图 4-3-14 所示。

（28）按〈Ctrl〉+〈A〉按钮，全选"明度"通道的图像。

（29）按〈Ctrl〉+〈C〉按钮，复制"明度"通道的图像。

（30）单击"图层"面板上"创建新图层"按钮，创建"图层 2"图层。

（31）按〈Ctrl〉+〈V〉按钮，粘贴"明度"通道的图像，如图 4-3-15 所示。

图 4-3-14 选择通道

图 4-3-15 复制图像

（32）单击"图像"→"模式"→"RGB"命令，将 Lab 转换为 RGB 颜色模式。

（33）单击"图层"面板"图层 2"。

（34）在"不透明度"文本框中输入"30%"。

（35）在"混合选项"下拉列表框中选择"正片叠底"选项，增加图像亮度，如图 4-3-16 所示。

（36）保存图像"修复照片 .TIF"，备用。

图 4-3-16　设置图层不透明度

（4）单击"文件"→"置入嵌入对象"命令。

（5）将"素材 2"文件置入到文档窗口中。

（6）调整图像大小与位置。

（7）右键单击"素材图 2"图层，选择"栅格化图层"命令，如图 4-3-18 所示。

图 4-3-18　置入文件

2. 创建相册背景

（1）单击"文件"→"新建"命令。

（2）在"新建文档"对话框中的"宽度""高度"文本框中分别输入"300"和"200"，单位选择"毫米"，在"分辨率"文本框中输入"300"，单位选择"像素/英寸"，在"颜色模式"下拉列表框中选择"RGB 颜色"选项，如图 4-3-17 所示。

（3）单击"确定"按钮。

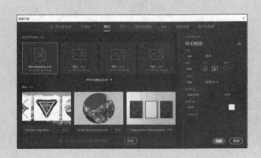

图 4-3-17　"新建文档"对话框

（8）单击"图像"→"调整"→"照片滤镜"命令。

（9）在"照片滤镜"对话框的"使用"栏中选择"颜色"单选按钮。

（10）单击"颜色块"，在"选择滤镜颜色"对话框中选择"橙色（e67a0e）"。

（11）在"浓度"文本框中输入"90"，如图 4-3-19 所示。

（12）单击"确定"按钮。

图 4-3-19　添加照片滤镜

（13）单击"滤镜"→"滤镜库"命令。

（14）在"纹理化"对话框中选择"砂岩"纹理。

（15）在"缩放"文本框中输入"180"。

（16）在"凸现"文本框中输入"10"。

（17）在"光照"下拉列表框中选择"左下"选项，如图 4-3-20 所示。

（18）单击"确定"按钮。

图 4-3-20　添加纹理滤镜

3. 添加船舵

（1）单击"文件"→"置入嵌入对象"命令。

（2）将"素材 3"文件置入到文档窗口中。

（3）调整图像大小与位置。

（4）右键单击"素材 3"图层，选择"栅格化图层"命令，如图 4-3-21 所示。

图 4-3-21　置入文件

（5）单击"图像"→"调整"→"黑白"命令。

（6）单击"黑白"对话框中"色调"选项。

（7）单击"色调"右侧"颜色块"。

（8）在"色调颜色选择器"中选取"橙色（ffbe28）"，如图 4-3-22 所示。

（9）单击"确定"按钮。

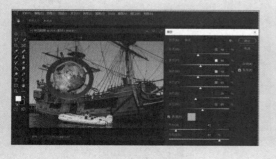

图 4-3-22　调整图像

（10）单击工具箱中的"椭圆工具"按钮。

（11）在工具选项栏的"工具模式"下拉列表框中选择"路径"选项。

（12）单击文档窗口中"船舵"图像中心。

（13）按住〈Shift〉+〈Alt〉键，绘制一个正圆形路径。

（14）双击"路径"面板上"工作路径"。

（15）在"存储路径"对话框中单击"确定"按钮，如图 4-3-23 所示。

图 4-3-23　绘制路径

4. 添加人物

（1）单击"文件"→"置入嵌入对象"命令。

（2）将事先处理的"修复照片"文件置入到文档窗口中。

（3）调整图像大小与位置，如图 4-3-24 所示。

图 4-3-24　置入文件

（4）单击"路径选择工具"按钮。

（5）移动鼠标指针到路径边缘，单击右键，选择"建立选区"命令。

（6）在"建立选区"对话框的"羽化半径"文本框中输入"2"，如图 4-3-25 所示。

（7）单击"确定"按钮。

图 4-3-25　建立选区

（8）单击"图层"面板上"创建矢量蒙版"按钮。

（9）单击"图层"面板上"添加图层样式"按钮。

（10）勾选"描边"复选框。

（11）单击"图层样式"对话框"颜色"右侧"颜色块"，在"颜色选择器"中选取"白色（ffffff）"，如图 4-3-26 所示。

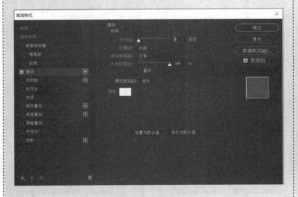

图 4-3-26　添加图层样式

5. 添加其他照片

（1）单击"文件"→"置入嵌入对象"命令。

（2）将"素材 4"文件置入到文档窗口中。

（3）调整图像大小与位置。

（4）右键单击"素材 4"图层，选择"栅格化图层"命令，如图 4-3-27 所示。

图 4-3-27　置入文件

（5）单击"图像"→"调整"→"黑白"命令。

（6）单击"黑白"对话框中"色调"选项。

（7）单击"色调"右侧"颜色块"，在"色调颜色选择器"中选取"橙色（e9cb85）"，如图4-3-28所示。

（8）单击"确定"按钮。

（9）右键单击"修复照片"图层，选择"拷贝图层样式"命令。

（10）右键单击"素材4"图层，选择"粘贴图层样式"命令。

（11）单击"图层"面板"创建新图层"按钮，创建新图层并重命名为"纽扣"。

（12）将"前景色"设置为"白色（ffffff）"。

（13）单击工具箱中的"椭圆工具"按钮，在工具选项栏"工具模式"下拉列表框中选择"填充像素"选项。

（14）在文档窗口中绘制一个正圆，如图4-3-29所示。

图4-3-28　调整图像

图4-3-29　绘制像素图形

（15）单击工具箱中的"魔棒工具"按钮。

（16）在像素图形上绘制一个椭圆选区。

（17）单击选择"素材4"图层。

（18）按〈Delete〉键删除选区内容，如图4-3-30所示。

（19）单击"图层"面板"添加图层样式"按钮，勾选"内阴影"命令。

（20）在"图层样式"对话框的"距离"文本框中输入"0"，在"阻塞"文本框中输入"4"，在"大小"文本框中输入"15"，如图4-3-31所示。

（21）选择"斜面和浮雕"图层样式，参数为默认值。

图4-3-30　删除选区内容

图4-3-31　添加图层样式

（22）单击工具箱中的"钢笔工具"按钮。

（23）在工具选项栏"工具模式"下拉列表框中选择"路径"选项。

（24）在文档窗口中绘制一个"吊绳"的封闭路径，如图 4-3-32 所示。

（25）单击"图层"面板"创建新图层"按钮，创建新图层并重命名为"吊绳"。

（26）将"前景色"设置为"红色（f40808）"。

（27）单击工具箱中的"画笔工具"按钮。

（28）在工具选项栏中选择"尖角"画笔笔尖，在"大小"文本框中输入"5 像素"，如图 4-3-33 所示。

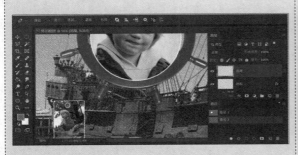

图 4-3-32　绘制路径

图 4-3-33　设置画笔笔尖

（29）单击工具箱中的"路径选择工具"按钮。

（30）移动鼠标指针到路径边缘。

（31）单击右键，选择"描边路径"命令。

（32）在"描边路径"对话框中选择"画笔"选项，如图 4-3-34 所示。

（33）单击"确定"按钮。

（34）单击"图层"面板"添加图层蒙版"按钮。

（35）单击工具箱中的"画笔工具"按钮。

（36）在工具选项栏中选择适当大小的画笔笔尖。

（37）在蒙版图层上将"吊绳"的遮挡关系涂抹出来，如图 4-3-35 所示。

小提示

采取同样的方法，将其他两张照片添加到图像中并进行处理。

图 4-3-34　描边路径

图 4-3-35　添加蒙版

6. 添加文字

(1) 单击工具箱中的"横排文字工具"按钮。

(2) 在工具选项栏"字体"下拉列表框中选择"草檀斋毛泽东字体",在"字号"文本框中输入"110点"。

(3) 字体颜色设置为"黄色（fff001）"。

(4) 在文档窗口中输入"船长之梦"文本，如图 4-3-36 所示。

(5) 单击"图层"面板上"添加图层样式"按钮。

(6) 勾选"描边"命令。

(7) 在图层样式的"大小"文本框中输入"10"，在"位置"下拉列表框中选择"外部"选项。

(8) 单击"颜色框"，选取"白色（ffffff）"，如图 4-3-37 所示。

(9) 单击"确定"按钮。

(10) 调整图像中各元素的位置，保存文件，完成相册的制作。

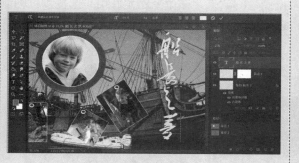

图 4-3-36　添加文字

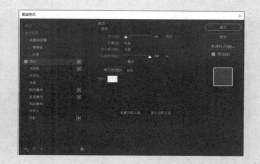

图 4-3-37　添加图层样式

 任务拓展

1. 了解曝光度

曝光度命令是专门用于调整 HDR 图像色调的命令，但也同样能对 8 位和 16 位图像进行调整。在执行"曝光度"命令时，可以通过调整其对话框中的参数来实现，如图 4-3-38 所示。

图 4-3-38　曝光度效果

(1) 曝光度。可调整色调范围的高光端，对极限阴影的影响很轻微。

(2) 位移。可以使阴影和中间调变暗，对高光的影响很轻微。

(3) 灰度系数校正。使用简单的乘方函数调整图像灰度系数。

(4) 吸管工具。使用黑场吸管工具在图像中单击，可以使单击区域的图像像素变为黑色；

设置白场吸管工具可以使单击点的像素变为白色；设置灰场吸管工具可以使单击点的图像像素变为中度灰色。

> **小提示**
>
> HDR 图像是通过合成多幅以不同曝光度拍摄的同一场景，或同一个人物的照片创建的高动态范围图片，主要用于影片、特殊效果、3D 作品及某些高端图片。

2. 了解照片滤镜

照片滤镜命令可以模拟通过彩色校正滤镜拍摄照片的效果，该命令还允许用户选择预设的颜色或者自定义的颜色向图像应用色相调整。执行该命令时，在其对话框中调整其参数来实现，如图 4-3-39 所示。

图 4-3-39　照片滤镜效果

（1）滤镜。在下拉列表框中可以选择要使用的滤镜，Photoshop 软件模拟在相机镜头前加彩色滤镜，为调整通过镜头传输的光的色彩平衡和色温。

（2）颜色。单击其右侧的颜色块，可以在"拾色器"中设置自定义的滤镜颜色。

（3）浓度。可以调整应用到图像中颜色数量，值越高，颜色的调整幅度越大。

（4）保留明度。勾选该复选框后，不会因为添加滤镜而使图像变暗。

3. 了解滤镜库

滤镜库是一个整合了"风格化""画笔描边""扭曲""素描"等多个滤镜组的对话框，它可以将多个滤镜同时应用于一个图像，也能对同一图像多次应用同一滤镜，或者用其他滤镜替换原有的滤镜。

操作时，单击"滤镜"→"滤镜库"命令，打开滤镜库对话框，如图 4-3-40 所示。

（1）预览区。用来预览滤镜效果。

（2）弹出式菜单。单击▼按钮，可在打开的下拉列表框中选择一个滤镜。这些滤镜是按照滤镜名称拼音的先后顺序排列的，如果想要使用某个滤镜，但不知道它在哪个滤镜组，可以在该下拉菜单中查找。

（3）滤镜组。在滤镜库中包含 6 组滤镜，单击一个滤镜组前面的▶按钮，可以展开该滤镜组，单击滤镜组中的一个滤镜即可使用该滤镜，与此同时，右侧的参数设置区内会显示该滤镜的参数选项。

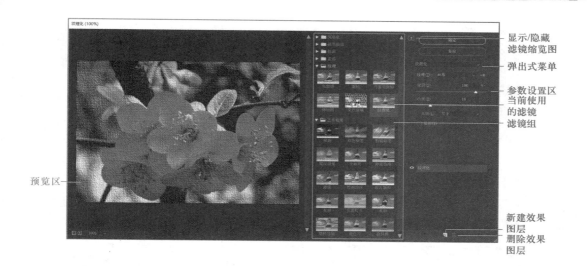

图 4-3-40　滤镜库对话框

（4）显示 / 隐藏滤镜缩览图。单击该按钮，可以隐藏滤镜组，将窗口空间留给图像预览区，再次单击则显示滤镜组。

4. 了解渲染滤镜组

渲染滤镜组中包含 8 种滤镜，这些滤镜可以在图像中创建云彩图案，折射图案、模拟光反射的效果。

（1）云彩。云彩滤镜可以使用介于前景色与背景色之间的随机值生成柔和的云彩图案，如图 4-3-41 所示。多次重复执行"云彩滤镜"命令可以改变云彩的形状；先按〈Alt〉键，然后按〈Ctrl〉+〈F〉键可生成色彩较明显的图案。

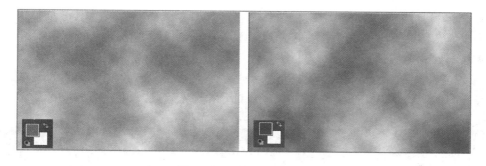

图 4-3-41　云彩滤镜效果

（2）分层云彩。分层云彩滤镜可以将云彩数据和现有的像素混合，其方式与"差值"模式混合颜色的方式相同。第一次使用分层云彩滤镜时，图像的某些部分被反相为云彩图案，多次应用滤镜后，就会创建出与大理石纹理相似的凸起边缘与叶脉图案，如图 4-3-42 所示。

（3）光照效果。光照效果滤镜是一个比较特殊的滤镜，其功能比较强大，包含 17 种灯光样式、3 种灯光类型和 4 套灯光属性。可以在 RGB 图像上产生无数种灯光效果，还可以使用灰度文件的纹理产生类似 3D 效果。

云彩滤镜效果　　　　　　第一次分层云彩滤镜效果　　　　　第二次分层云彩滤镜效果

图 4-3-42　分层云彩滤镜效果

操作时，单击"滤镜"→"渲染"→"光照效果"命令，打开该滤镜对话框，改变对话框中的参数，设置光照效果，如图 4-3-43 所示。

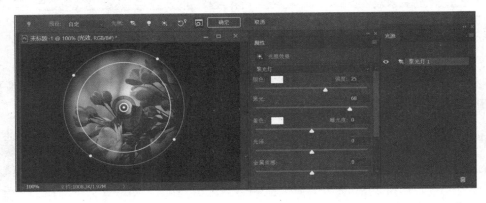

图 4-3-43　灯光效果滤镜对话框

① 灯光。灯光包括聚光灯、点光和无限光三种类型。单击其中任意一个按钮，可以在文档窗口添加相应的光源。

② 复位。设置灯光效果后，单击"复位"按钮，可以将灯光的参数和位置恢复到初始状态。

③ 预设。在预设下拉列表框中预设了 17 种光照样式，任意选择一种即可在"预览区"呈现出对应的光照效果。

（4）镜头光晕。镜头光晕滤镜可以模拟亮光照射到相机镜头所产生的折射效果。经常使用它表现玻璃、金属等反射物质的反射光或用来增强日光和灯光效果，如图 4-3-44 所示。

 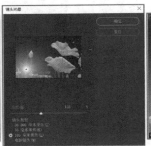 

图 4-3-44　镜头光晕滤镜效果

① 光晕中心。在该对话框中的图像缩览图上单击或拖动"十"字标记，可以移动光晕的中心点。

② 亮度。用来控制光晕的强度，变化范围是 10% ～ 300%。

③ 镜头类型。用来选择产生光晕的镜头类型。

（5）纤维。纤维滤镜可以使用前景色和背景色随机创建编织纤维效果，如图 4-3-45 所示。

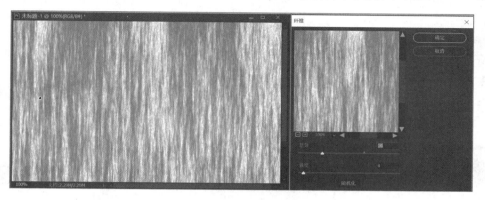

图 4-3-45　纤维滤镜效果

① 差异。用来设置颜色的变化方式，该值较高时会产生较短且颜色分布变化更大的纤维，该值较低时会产生较长的颜色条纹。

② 强度。用来控制纤维的外观，该值较高时会产生短的绳状纤维，该值较低时会产生松散的编织效果。

③ 随机化。单击该按钮可以随机产生成新的纤维外观。

（6）火焰。使用火焰滤镜可以沿着路径制作火焰效果，如图 4-3-46 所示。

① 火焰类型。有 6 种火焰类型可以选择，选择不同的类型后，还可以设置相关参数。

② 为火焰使用自定颜色。选择该选项后，可以单击"火焰自定义颜色"按钮，选择合适的颜色。

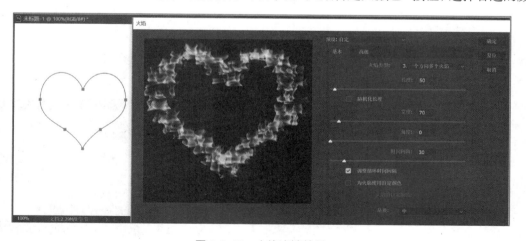

图 4-3-46　火焰滤镜效果

小提示

渲染滤镜组还有"树""图片框"两个滤镜，不妨试一试。

5. 使用滤镜打造炫彩效果

（1）单击"文件"→"新建"命令。

（2）在"新建文档"对话框的"宽度""高度"文本框中分别输入"800"和"600"，单位选择"像素"，在"分辨率"文本框中输入"72"，单位选择"像素/英寸"，在"颜色模式"下拉列表框中选择"RGB颜色"，如图4-3-47所示。

（3）单击"确定"按钮。

（4）单击"图层"面板"背景"图层。

（5）拖动到"创建新图层"按钮，创建"背景拷贝"图层。

（6）单击"滤镜"→"渲染"→"云彩"命令。

（7）单击"滤镜"→"像素化"→"铜版雕刻"命令。

（8）单击"类型"下拉列表框，选择"长描边"选项，如图4-3-48所示。

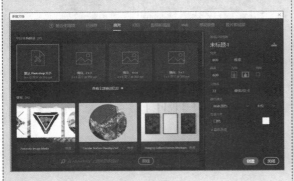

图 4-3-47 新建文件

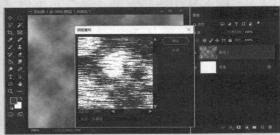

图 4-3-48 铜版雕刻滤镜

（9）单击"滤镜"→"模糊"→"径向模糊"命令。

（10）在"径向模糊"对话框的"数量"文本框中输入"100"。

（11）选择"缩放"单选按钮，在"品质"栏中选择"最好"单选按钮，如图4-3-49所示。

（12）单击"确定"按钮。

（13）单击菜单"滤镜"→"扭曲"→"旋转扭曲"命令。

（14）在"角度"文本框中输入"250"，如图4-3-50所示。

（15）单击"确定"按钮。

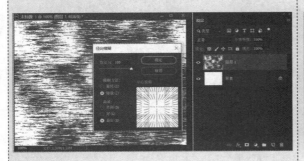

图 4-3-49 径向模糊滤镜

图 4-3-50 旋转扭曲滤镜①

（16）单击"图层"面板"背景 拷贝"图层，拖动到"创建新图层"按钮，创建"背景 拷贝 拷贝"图层。

（17）在"混合模式"下拉列表框中选择"变亮"选项。

（18）单击"滤镜"→"扭曲"→"旋转扭曲"命令。

（19）在"旋转扭曲"对话框的"角度"文本框中输入"-500"，如图 4-3-51 所示。

（20）单击"确定"按钮。

（21）按住〈Ctrl〉键，单击"背景 拷贝"和"背景 拷贝 拷贝"图层，选择两个图层。

（22）按〈Ctrl〉+〈Alt〉+〈E〉键，盖印图层。

（23）单击"滤镜"→"扭曲"→"旋转扭曲"命令。

（24）在"旋转扭曲"对话框的"角度"文本框中输入"250"，如图 4-3-52 所示。

（25）单击"确定"按钮。

图 4-3-51　旋转扭曲滤镜②

图 4-3-52　旋转扭曲滤镜③

（26）单击"图像"→"调整"→"黑白"命令。

（27）勾选"色调"复选框。

（28）在"色相"文本框中输入"359"，在"饱和度"文本框中输入"100"，如图 4-3-53 所示。

（29）单击"确定"按钮。

 小提示

　　我们可以采取多种方法给图像添加颜色，得到多种不同颜色的背景效果。

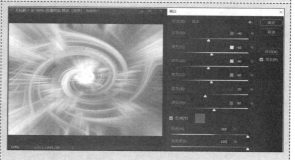

图 4-3-53　调整图像

思考练习

1. 在 Photoshop 软件中，使用云彩滤镜时，（　　）。

　　A．前景色随机生成柔和的云彩图案

　　B．前景色随机生成柔和的云彩图案

　　C．图层中的图像随机生成柔和的云彩图案

2. 在 Photoshop 软件中，图章工具包括（　　）。

　　A．仿制图章工具和图案图章工具

　　B．仿制图章工具和画笔图章工具

　　C．橡皮图章工具和图案图章工具

3．在 Photoshop 软件中，使用灯光效果滤镜时，只可以给图像中添加（   ）种灯光效果。

A．1   B．2   C．15

 **活动评价**

在完成本次任务的过程中，我们学会了使用 Photoshop 软件设计、制作怀旧相册，请对照表 4-3-1 进行评价与总结。

表 4-3-1　活动评价表

评 价 指 标	评 价 结 果	备　注
1．知道图章工具修复图像	□A　□B　□C　□D	
2．能够使用选区生成蒙版	□A　□B　□C　□D	
3．能够调整图像的颜色和色调	□A　□B　□C　□D	
4．能够设计与制作怀旧相册	□A　□B　□C　□D	
综合评价：		

任务四 设计与制作婚纱相册

sheji yu zhizuo hunsha xiangce

任务描述

婚纱照后期的设计与处理，也是一种艺术性创作与加工，使照片更富有个性，更能够表达出新婚恋人爱慕、浪漫等意境。在本任务中，我们使用 Photoshop CC 2019 的基本技术，根据客户提供素材，将一张室内照片设计、制作成为一张回归自然的宽幅婚纱照片，使整本相册显得大气，其效果如图 4-4-1 所示。

图 4-4-1　婚纱相册效果图

任务分析

本任务只是婚纱相册中的一张照片，需要将一张室内照片抠去背景后合成为外景婚纱照片。原照片背景比较复杂，特别是抠轻薄、飘逸的白纱，需要耐心和细心才能完成。同时，对于淡黄的背景处理，文字设计也需要结合主题、色彩、色调等因素进行整体考虑。本任务共提供了 4 张素材图像，拟以新婚夫妇合影为本幅照片的主题图，需要对背景进行抠取，淡黄色的树林背景使其由近极远、由黄变红的模糊效果，给两张照片分别添加相框并平放在草坪上起到修饰的效果，使用花边素材，结合文字，制作成艺术文字起到点缀的作用。画面整体设计上以暖色调（红、黄色）为主。

根据设计需求，本相册采用 600 mm×240 mm 大小，采用通道、曲线、历史画笔和"调整"面板等主要技术与方法完成制作。

任务准备

1. 认识擦除工具

擦除工具用来消除图像。Photoshop 中包含三种类型的擦除工具，即橡皮擦工具、背景橡皮擦工具和魔术橡皮擦工具，如图4-4-2所示。使用橡皮擦工具擦除图像时，被擦出的图像若是"背景"图层或锁定了透明区域的图层，擦除部分会显示为工具箱中的背景色，除此之外，均为透明区域；使用背景橡皮擦工具和魔术橡皮擦工具时，被擦除的部分将成为透明区域。

图4-4-2　擦除工具选项栏

（1）橡皮擦工具。橡皮擦工具是绘画中经常使用的一种工具。设置好工具选项后，其发挥的作用非常大。

① 模式。橡皮擦有三种画笔类型，即画笔、铅笔和块。画笔可创建柔边擦除效果，铅笔可创建硬边擦除效果，块可擦除块状效果，如图4-4-3所示。

图4-4-3　橡皮擦工具的擦除模式

② 不透明度。用来设置擦除的强度，100%的不透明度可以完全擦除像素，较低不透明度值可以擦除图像的部分像素。"模式"设置为"块"时，不能设置不透明度的值。

③ 流量。用来控制工具的涂抹速度。

④ 抹除历史记录。选取此项后，在"历史记录"面板选择一个状态或快照，在擦除时，可将图像恢复为指定状态。

（2）背景橡皮擦工具。背景橡皮擦工具是一种智能橡皮擦，具有自动识别对象边缘的功能。可采集画笔中心的色样，并删除在画笔内出现的这种颜色，如图4-4-4所示。

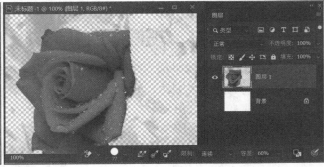

图4-4-4　背景橡皮擦工具使用效果

①取样。用它设置颜色的取样方式。选择"连续"选项，在拖动鼠标时可连续对颜色取样；选择"一次"选项，只替换包含第一次单击的颜色区域中的目标颜色；选择"背景色板"选项，只替换包含当前背景色的区域。

②限制。可选择擦除时的限制模式。选择"不连续"选项可擦除当前光标下任何位置的样本颜色；选择"连续"选项只能擦除光标区域内相连接的样本颜色；选择"查找边缘"选项可擦除光标区域内相连接的样本颜色并且较好地锐化了保留形状边缘。

③容差。容差值控制颜色选择的范围。

④保护前景色。选取时可防止擦除与前景色匹配的区域。

（3）魔术橡皮擦工具。魔术橡皮擦工具也具有自动分析图像边缘的功能。使用时只需要单击需要擦除的区域即可实现擦除功能，如图4-4-5所示。

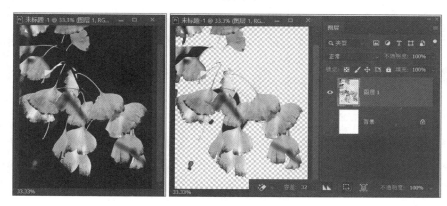

图 4-4-5　魔术橡皮擦工具使用效果

①容差。用来设置可擦除的颜色范围。低容差会擦除颜色值范围内与单击点像素邻近的像素，高容差可擦除范围更广的像素。

②消除锯齿。可以使擦除区域的边缘变得平滑。

③连续。只擦除与单击点像素邻近的像素；取消勾选时，可擦除图像中所有相似的像素。

④对所有图层取样。可对所有可见图层中的组合数据进行采集擦除颜色。

⑤不透明度。用来设置擦除强度，100%的不透明度将完全擦除像素，较低的不透明度可部分擦除像素。

2. 了解"替换颜色"命令

"替换颜色"命令可以选择图像中的特定颜色，然后修改其色相、饱和度和明度。该命令包含颜色选择和颜色修改两种选项，颜色选择方式与"色彩范围"命令基本相同，颜色调整方式则与"色相/饱和度"命令十分相似。操作时，单击"图像"→"调整"→"替换颜色"命令，打开"替换颜色"对话框，如图4-4-6所示。

①吸管工具。用吸管工具 🖋 单击图像，可以选择光标下面的颜色（"颜色容差"选项下面的缩览图中，白色代表了选项的颜色）；用添加到取样工具 🖋 单击图像，可以添加新的颜色；用从取样中减去工具 🖋 单击图像，可以减少颜色。

图 4-4-6　替换颜色

② 本地化颜色簇。如果在图像中选择了相似且连续的颜色，可勾选该复选框，使选择范围更加精准。

③ 颜色容差。用来控制颜色的选择精度。该值越高，选中的颜色范围越广（白色代表了选中的颜色）。

④ 选区/图像。选择"选区"单选按钮，可在预览区中显示代表选区范围的蒙版（黑白图像），其中，黑色代表未选择的区域，白色代表选中的区域，灰色代表被部分选择的区域。

⑤ 替换。拖动各个滑块，可调整所选颜色的色相、饱和度和明度。

任务实施

---

1. 润饰人物

(1) 启动 Photoshop CC 2019，进入操作界面。

(2) 单击"文件"→"打开"命令。

(3) 选择"素材 2"并单击"确定"按钮。

(4) 右键单击选择"背景"图层。

(5) 选择"复制图层"命令。

(6) 复制并创建"背景副本"图层，如图 4-4-7 所示。

(7) 展开"通道"面板。

(8) 按住〈Ctrl〉键，单击"蓝"通道，建立选区。

(9) 单击"图层"面板中的"背景副本"图层。

(10) 按〈Ctrl〉+〈C〉键，复制图像。

(11) 按〈Ctrl〉+〈V〉键，粘贴图像，并创建"图层 1"图层，如图 4-4-8 所示。

小提示

本选区的作用是获取"半透明婚纱"。

图 4-4-7　打开素材文件

图 4-4-8　复制图像

（12）单击工具箱中的"钢笔工具"按钮。

（13）在工具选项栏的"工具模式"下拉列表框中选择"路径"选项。

（14）围绕"人物"的边缘绘制路径。

（15）双击"路径"面板"工作路径"，如图 4-4-9 所示。

（16）单击"存储路径"对话框的"确定"按钮。

（17）单击工具箱中的"直接选择工具"按钮。

（18）单击路径上的"锚点"调整路径。

（19）右键单击"路径"面板中的"路径 1"，选择"建立选区"命令。

（20）在"建立选区"对话框的"羽化半径"文本框中输入"5"，如图 4-4-10 所示。

（21）单击"确定"按钮。

图 4-4-9　绘制路径

图 4-4-10　建立选区

（22）按〈Ctrl〉+〈C〉键，复制选区内图像。

（23）按〈Ctrl〉+〈V〉键，粘贴图像。

（24）单击"图层 2"图层并拖动到"图层 1"图层上面。

（25）单击"背景副本"图层。

（26）单击"图层"面板"创建新图层"按钮，创建"图层 3"图层。

（27）单击工具箱中的"油漆桶工具"按钮。

（28）单击文档窗口，填充"蓝色（1e00fc）"，如图 4-4-11 所示。

（29）单击工具箱中的"橡皮擦工具"按钮。

（30）单击工具选项栏"画笔"右侧按钮。

（31）选择"柔角"画笔笔尖。

（32）单击"图层"面板"图层 1"图层。

（33）擦除图像中"新娘纱巾"以外的内容，如图 4-4-12 所示。

🔍 **小提示**

在擦除的过程中，按〈[〉或〈]〉键缩小或放大笔尖。

图 4-4-11　填充图像

图 4-4-12　擦除图像

（34）单击工具箱中的"历史画笔工具"按钮。

（35）选择"柔角"画笔笔尖。

（36）在工具选项栏"不透明度"文本框中输入"50%"。

（37）按住鼠标左键，在"新娘纱巾"过渡不自然处来回涂抹，如图 4-4-13 所示。

图 4-4-13 使用历史画笔工具

（38）按住〈Ctrl〉键，单击"图层 1"和"图层 2"图层。

（39）按〈Ctrl〉+〈Alt〉+〈E〉键，盖印图层。

（40）单击"选择"→"色彩范围"命令。

（41）单击人物面部颜色较深的区域，

（42）单击"确定"按钮，创建选区，如图 4-4-14 所示。

图 4-4-14 建立选区

（43）单击"滤镜"→"杂色 - 蒙尘与划痕"命令。

（44）在"蒙尘与划痕"对话框中"半径"文本框中输入"2"，在"阈值"文本框中输入"4"，如图 4-4-15 所示。

（45）单击"确定"按钮。

> **小提示**
>
> "蒙尘与杂色"滤镜能起到更改相异的像素来减少杂色。参数的设置，要根据图像操作区中图像的变化来调整其大小。

图 4-4-15 设置图像滤镜

（46）单击"图层"面板中除"图层 2（合并）"图层以外的"图层显示标志"按钮，取消图层显示，如图 4-4-16 所示。

（47）按〈Shift〉+〈Ctrl〉+〈S〉键，另存文件。

（48）在"另存为"对话框的"名称"文本框中输入"润饰人物"。

（49）在"类型"下拉列表框中选择"PNG"格式。

（50）单击"保存"按钮，将文件保存后备用。

图 4-4-16 保存文件

2. 创建相册背景

(1) 单击"文件"→"新建"命令。

(2) 在"新建文档"对话框中的"宽度""高度"文本框中分别输入"600"和"240",单位选择"毫米",在"分辨率"文本框中输入"300",单位选择"像素/英寸",在"颜色模式"下拉列表框中选择"RGB 颜色"选项,如图 4-4-17 所示。

(3) 单击"确定"按钮。

(4) 单击"文件"→"置入嵌入对象"命令。

(5) 将"素材 1"文件置入文档窗口,调整图像的位置与大小。

(6) 右键单击选择"素材 1"图层,选择"栅格化图层"命令。

(7) 右键单击选择"素材 1"图层,选择"复制图层"命令,复制并创建"素材 1 副本"图层,如图 4-4-18 所示。

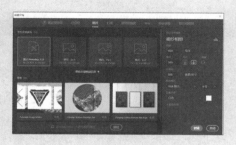

图 4-4-17 "新建文档"对话框

图 4-4-18 置入文件

(8) 单击"图像"→"调整"→"替换颜色"命令。

(9) 在"替换颜色"对话框"颜色容差"文本框中输入"109",在"色相"文本框中输入"+80",在"饱和度"文本框中输入"20",如图 4-4-19 所示。

(10) 单击"确定"按钮。

(11) 单击工具箱中的"魔棒工具"按钮。

(12) 在工具选项栏"容差"文本框中输入"20"。

(13) 消除选择"连续"选项。

(14) 单击图像操作区白色区域,建立选区。

(15) 单击"图层"面板"创建新图层"按钮并重命名为"蓝天白云",如图 4-4-20 所示。

图 4-4-19 "替换颜色"对话框

图 4-4-20 建立选区

（16）单击工具箱中的"设置前景色"按钮，在"拾色器（前景色）"对话框中选择"蓝色（6accfa）"。

（17）单击工具箱"设置背景色"按钮，在"拾色器（背景色）"对话框中选择"白色（ffffff）"。

（18）单击"滤镜"→"渲染"→"云彩"命令，如图 4-4-21 所示。

（19）按〈Ctrl〉+〈D〉键删除选区。

（20）单击"滤镜"→"模糊"→"高斯模糊"命令。

（21）在"高斯模糊"对话框的"半径"文本框中输入"15"，如图 4-4-22 所示。

（22）单击"确定"按钮。

图 4-4-21　添加滤镜

图 4-4-22　添加滤镜

3. 添加人物

（1）单击"文件"→"置入嵌入对象"命令。

（2）将"润饰人物.PNG"文件置入到文档窗口中。

（3）调整图像大小与位置。

（4）右键单击"润饰人物"图层，选择"栅格化图层"命令，如图 4-4-23 所示。

（5）单击工具箱中的"矩形选框工具"按钮。

（6）在图像"纱巾"末端单击并拖动鼠标创建一个选区。

（7）单击"编辑"→"变换"→"变形"命令。

（8）根据"纱巾"飘动的方向拖动"控制点"，如图 4-4-24 所示。

（9）按〈Enter〉键，确定变形。

（10）按〈Ctrl〉+〈D〉键删除选区。

图 4-4-23　置入文件

图 4-4-24　变形图像

4. 添加照片

（1）单击"文件"→"置入嵌入对象"命令。

（2）将事先处理的"素材3"文件置入到文档窗口中。

（3）单击工具箱中的"移动工具"按钮。

（4）按住〈Ctrl〉键拖动图像四角的控制点，变换图像，如图 4-4-25 所示。

图 4-4-25　置入文件

（5）单击"图层"面板上"添加图层样式"按钮。

（6）勾选"描边"复选框。

（7）在"图层样式"对话框的"大小"文本框中输入"20"，在"位置"下拉列表框中选择"内部"选项。

（8）单击"颜色"右侧颜色块，在"选择描边颜色"对话框中选择"白色（ffffff）"，如图4-4-26所示。

（9）单击"确定"按钮。

（10）勾选"投影"复选框。

（11）在"角度"文本框中输入"120"，在"距离"文本框中输入"20"，在"大小"文本框中输入"20"，如图4-4-27所示。

（12）单击"确定"按钮。

> **小提示**
>
> 采取同样的方法，将"素材4"图像文件置入并进行处理。

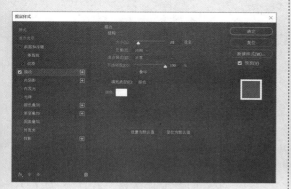

图4-4-26 "图层样式"对话框

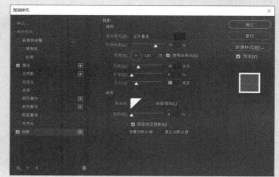

图4-4-27 设置投影

（13）单击"文件"→"置入嵌入对象"命令。

（14）将事先处理的"素材7"文件置入到文档窗口中。

（15）调整图像大小与位置。

（16）右键单击"素材7图层"，选择"复制图层"命令。

（17）调整图像大小与位置，如图4-4-28所示。

5. 添加文字

（1）单击工具箱中的"横排文字工具"按钮。

（2）在工具选项栏"字体"下拉列表框中选择"Cataneo BT"，在"字号"文本框中输入"110点"。

（3）将字体颜色设置为白色（#ffffff）。

（4）在文档窗口中输入"Spring......"文本，如图4-4-29所示。

图4-4-28 置入文件

图4-4-29 添加文字

（5）单击"图层"面板上"添加图层样式"按钮。

（6）勾选"外发光"命令。

（7）在"混合模式"下拉列表框中选择"正常"选项。

（8）单击"颜色框"，选取黄色（#f5ed05），在"大小"文本框中输入"40"，如图 4-4-30 所示。

（9）单击"确定"按钮。

（10）调整图像中各元素的位置，保存文件，完成相册的制作。

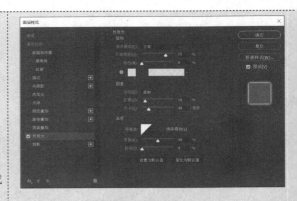

图 4-4-30　添加图层样式

 任务拓展

1. 了解历史记录面板

在编辑图像的过程中，若某一步的操作出现了失误或创建的效果不满意，可以还原或恢复图像。"编辑"菜单中的"还原"命令一般只能撤销最后进行的一次编辑，也就是将图像还原到上一步的状态，要进行多步还原操作，可以连续执行"后退一步"命令或连续按〈Alt〉+〈Ctrl〉+〈Z〉键。

在编辑图像时，每进行一步操作，Photoshop 软件都会将其记录在"历史记录"面板中，如图 4-4-31 所示。通过该面板可以将图像得到操作过程中的某一状态，也可以再次回到当前操作状态，操作直观明了。

图 4-4-31　"历史记录"面板

（1）设置历史记录画笔的源。使用历史记录画笔时，该图标所在的位置将作为历史画笔的源图像。

（2）快照缩览图。被记录为快照片的图像状态。

（3）当前状态。将图像恢复到该命令的编辑状态。

（4）从当前状态创建文件。基于当前操作步骤中图像的状态创建一个新文件。

（5）创建新快照。基于当前的图像状态创建快照。

（6）删除当前状态。选择一个操作步骤后，单击该按钮可将该步骤及后面的操作删除。

对于面板、颜色设置、动作和首选项做出的操作，其操作不针对某个特定的对象，所以"历史记录"面板不会记录其操作过程。当然，为了节省内在资源、加快图像处理速度，"历史记录"面板在默认情况下，记录操作过程一般是前20步，当然通过修改"首选项"面板中的参数，也可增加或减少其记录的数量。

由于记录的步骤有限，要将一些重要的步骤记录下来，可以采取"创建新快照"的方式将其记录下来，当操作发生错误时，单击某一个阶段的快照即可恢复。

新建快照可以根据需要对"全文档""合并的图层""当前图层"等分别创建。执行"历史记录"面板菜单中"新建快照"命令，在"新建快照"对话框中可以设置相关选项来创建快照，如图4-4-32所示。

在"名称"文本框中可以输入快照的名称。在"自"下拉列表框中可以选择创建快照的内容。选择"全文档"即可创建图像在当前状态下所有图层的快照；选择"合并的图层"即可创建合并图像在当前状态下所有图层的快照；选择"当前图层"，则只创建当前选择的图层的快照。

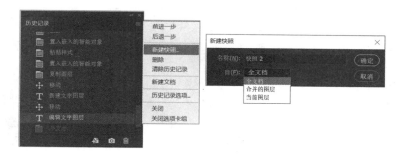

图 4-4-32　创建快照

当我们使用"历史记录"面板中的一个操作步骤来还原图像时，该步骤以下的操作全部变暗，再进行新的操作时，即从该选择的步骤重新记录。其实，只需要在"历史记录选项"对话框中勾选"允许非线性历史记录"复选框即可，如图4-4-33所示，就能实现非线性操作，如对某一操作步骤不满意，删除即可。

图 4-4-33　"历史记录选项"对话框

（1）自动创建第一幅快照。打开图像文件时，图像的初始状态自动创建为快照。

（2）存储时自动创建新快照。在编辑的过程中，每保存一次文件，都会自动创建一个快照。

（3）允许非线性历史记录。可以在历史记录中任意选择某一条记录进行删除、创建快照等操作。

（4）默认显示新快照对话框。强制提示操作者给快照重新命名。

（5）使图层可见性更改可还原。保存对图层可见性的更改。

2. 认识历史记录画笔工具

历史记录画笔和历史记录艺术画笔等工具是在修复图像过程中的重要工具。用好这两个工具，对于处理图像帮助较大。历史记录画笔工具与其他画笔工具有所不同，它是以指定的历史记录状态或快照为源数据，在图像操作区涂抹恢复数据的一种方法。其工具选项栏的设置选项与画笔工具相同，如图 4-4-34 所示。

图 4-4-34　历史记录画笔工具选项栏

3. 应用历史记录画笔

（1）单击"文件"→"打开"命令。

（2）在"打开"对话框中选择"素材5"图像文件。

（3）右键单击选择"图层"面板中"背景"图层，选择"复制图层"命令。

（4）单击"复制图层"对话框"确定"按钮，如图 4-4-35 所示。

（5）单击"滤镜"→"像素化"→"马赛克"命令。

（6）在"马赛克"对话框的"单元格大小"文本框中输入"82"，如图 4-4-36 所示。

（7）单击"确定"按钮。

图 4-4-35　复制图层

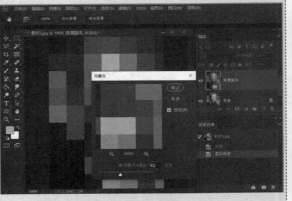

图 4-4-36　添加马赛克滤镜

（8）单击"滤镜"→"滤镜库"命令，在"滤镜库"中选择"画笔描边"→"阴影线"滤镜。

（9）在"阴影线"对话框"描边长度"文本框中输入"3"，在"锐化程度"文本框中输入"7"，在"强度"文本框中输入"1"，如图4-4-37所示。

（10）单击"确定"按钮。

（11）单击"历史记录"面板"创建新快照"按钮，创建快照。

（12）单击工具箱中的"历史画笔工具"按钮，在工具选项栏中选择"柔角98像素"画笔笔尖，在"模式"下拉列表框中选择"正常"选项，如图4-4-38所示。

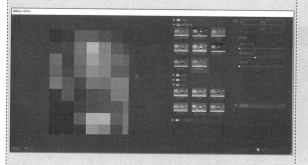

图 4-4-37　阴影线滤镜

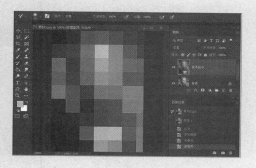

图 4-4-38　设置历史画笔

（13）单击"图层"面板"创建新图层"按钮。

（14）拖动"历史记录"面板，单击"素材5"源记录并手动到文档操作窗口。

（15）在图像区域来回拖动鼠标，涂抹出人物的形象。

（16）单击"快照1"记录并手动拖到文档操作窗口。

（17）围绕人物边缘涂抹，恢复背景图像，如图4-4-39所示。

（18）右键单击"图层1"。

（19）选择"复制图层"命令。

（20）单击"复制图层"对话框中"确定"按钮。

（21）单击"图层"面板上"混合选项"下拉按钮。

（22）选择"叠加"混合模式，如图4-4-40所示。

小提示

本步操作能够使人物变得更加清晰，也是处理图像不够清晰的一种方法。

图 4-4-39　历史画笔工具

图 4-4-40　设置叠加混合样式

4. 历史记录艺术画笔工具

使用指定的历史记录状态或快照中的源数据,以风格化描边进行绘画。通过在工具选项栏(如图 4-4-41 所示)设置不同的绘画样式、大小和容差选项,实现用不同的色彩或艺术风格模拟绘画的纹理。与历史记录画笔工具一样,历史记录艺术画笔工具也将指定的历史记录状态或快照用作数据,不同之处就是历史记录画笔是通过重新创建指定的源数据来绘画,而历史记录艺术画笔在使用这些数据时还可以应用不同的颜色和艺术风格。

图 4-4-41　历史记录艺术画笔工具选项栏

① 样式。可以选择选项来控制绘画描边的形状,包括"绷紧短""绷紧中"和"绷紧长"等多个选项。

② 区域。用来设置绘画描边所覆盖的区域。该值越高,覆盖的区域越大,描边的数量也越多。

③ 容差。容差值可以限定应用绘画描边的区域。低容差可用于在图像中的任何地方绘制无数条描边,高容差会将绘画描边限定在与源状态或快照中的颜色明显的区域。设置不同的样式和区域、容差值会产生不同的效果,如图 4-4-42 所示。

图 4-4-42　历史记录艺术画笔工具使用效果

5. 了解色调均化命令

色调均化命令可以重新分布像素的亮度值,在 Photoshop 软件中,最亮的值调整为白色,最暗的值调整为黑色,中间的值则分布在整个灰度范围之中,使其更加均匀地呈现所有范围的高精度级别。操作时,单击"图像"→"调整"→"色调均化"命令,其效果如图 4-4-43 所示。

6. 了解渐变映射命令

渐变映射命令可以将相等的图像灰度范围映射到指定的渐变颜色。若指定双色渐变填充,图像中的阴影会映射到渐变填充的一个端点的颜色,高光会映射到另一个端点颜色,中间调映射到两个端点颜色之间的渐变。操作时，单击"图像"→"调整"→"渐变映射"命令，如图 4-4-44 所示。

图 4-4-43 色调均化命令效果

图 4-4-44 渐变映射命令效果

（1）仿色。选择该选项，可添加随机的杂色来平滑渐变填充的外观。

（2）反相。选择该选项，可切换渐变填充的方向。

7. 风格化滤镜组的应用

风格化滤镜组中包含 9 种滤镜，它们可以置换图像中的像素，查找并增加图像的对比度，产生绘画和印象派风格的效果。下面介绍几种常用的风格化滤镜效果。

（1）查找边缘。查找边缘滤镜能自动搜索图像像素对比剧烈的边界，将高反差区变亮，低反差区域变暗，其他区域则介于两者之间，硬边成为线条，柔边变粗，形成一个清晰的轮廓，如图 4-4-45 所示。

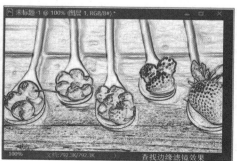

图 4-4-45 查找边缘滤镜效果

（2）等高线。等高线滤镜可以查找主要亮度区域并为每个颜色通道淡淡地勾勒主要亮度区域，以获得与等高线图中的线条类似的效果，如图 4-4-46 所示。

图 4-4-46　等高线滤镜效果

① 色阶。用来设置描绘边缘的基准亮度等级。

② 边缘。用来设置处理图像边缘的位置和边界的产生方法。选择"较低"选项时，可在基准亮度等级以下的轮廓生成等高线；选择"较高"选项时，可在基准亮度等级以上的轮廓生成等高线。

（3）风。风滤镜可在图像中增加一些细小的水平线来模拟风吹的效果，如图 4-4-47 所示。该滤镜只在水平方向起作用。

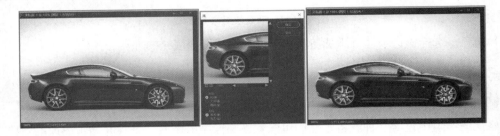

图 4-4-47　风滤镜效果

① 方法。可选择 3 种类型的风，如"风""大风"和"飓风"。

② 方向。用来设置风源的方向，即从右向左吹，还是从左向右吹。

（4）浮雕效果。浮雕效果滤镜可通过勾画图像或选区的轮廓、降低周围色值来生成凸起或凹陷的浮雕效果，如图 4-4-48 所示。

图 4-4-48　浮雕滤镜效果

① 角度。用来设置照射浮雕的光线角度，光线角度直接影响浮雕的凸出区域。

②高度。用来设置浮雕效果凸起的高度，该值越高浮雕效果越明显。

③数量。用来设置浮雕滤镜的作用范围，该值越高边界越清晰，小于40%时，整个图像变成灰色色块。

（5）使模糊照片变清晰。

（1）单击"文件"→"打开"命令。

（2）在"打开"对话框中选择"素材6"图像文件。

（3）右键单击"图层"面板中的"背景"图层，选择"复制图层"命令。

（4）单击"复制图层"对话框中"确定"按钮，如图4-4-49所示。

（5）右击"通道"面板中的"红"通道，选择"复制通道"命令。

（6）单击"滤镜"→"滤镜库"命令，打开"滤镜库"对话框，选择"风格化"中的"照亮边缘"滤镜。

（7）在"照亮边缘"对话框的"边缘宽度"文本框中输入"2"，在"边缘亮度"文本框中输入"20"，在"平滑度"文本框中输入"1"，如图4-4-50所示。

（8）单击"确定"按钮。

图4-4-49 复制图层

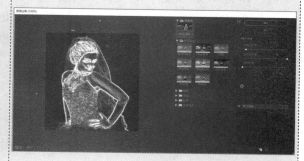

图4-4-50 "照亮边缘"对话框

（9）单击"滤镜"→"模糊"→"高斯模糊"命令。

（10）在"高斯模糊"对话框的"半径"文本框中输入"2"，如图4-4-51所示。

（11）单击"确定"按钮。

（12）单击"图像"→"调整"→"色阶"命令。

（13）在"色阶"对话框的"高光"文本框中输入"165"。

（14）在"阴影"文本框中输入"20"，如图4-4-52所示。

（15）单击"确定"按钮。

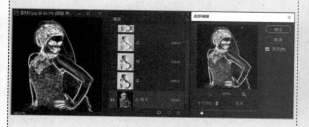

图4-4-51 添加滤镜效果

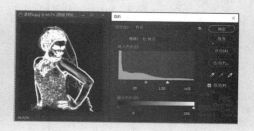

图4-4-52 设置色阶

（16）按住〈Ctrl〉键，单击"通道"面板"红副本"通道，建立选区。

（17）单击"图层"面板"背景拷贝"图层并拖动到"创建新图层"按钮。

（18）单击"滤镜"→"滤镜库"命令，打开"滤镜库"对话框，选择"艺术效果"中的"绘画涂抹"选项。

（19）在"画笔大小"文本框中输入"1"，在"锐化程度"文本框中输入"6"，如图 4-4-53 所示。

（20）单击"确定"按钮。

图 4-4-53　绘制涂抹滤镜效果

 思考练习

1．在 Photoshop 软件中，历史画笔是使用（　　）在文档窗口中绘画的。

　　A．前景色　　　　　　　　B．背景色　　　　　　　C．历史记录

2．在 Photoshop 软件中，橡皮擦工具擦除被擦除的图像若是"背景"图层或锁定了透明区域的图层，擦除部分会显示为工具箱中的（　　）。

　　A．前景色　　　　　　　　B．背景色　　　　　　　C．透明区域

 活动评价

在完成本次任务的过程中，我们学会了使用 Photoshop 软件设计、制作婚纱相册，请对照表 4-4-1 进行评价与总结。

表 4-4-1　活动评价表

评　价　指　标	评　价　结　果				备　　注
1．能够熟练使用"历史记录"面板处理图像	□A	□B	□C	□D	
2．能够使用"历史记录"画笔	□A	□B	□C	□D	
3．能够调整图像的颜色和色调	□A	□B	□C	□D	
4．能够设计与制作婚纱相册	□A	□B	□C	□D	
综合评价：					

项目五 设计与制作界面

SECTION 5

sheji yu zhizuo jiemian

随着人类社会信息化进程的推进，可以说每一个人每天都会与各种界面打交道。因此，界面设计行业已经成为众多厂商关注的战略高地，从事界面设计工作的队伍会不断发展壮大。

站在用户的角度，在使用相关产品时，都希望看到更加精制小巧的图标、更加符合操作需求的功能按钮、更加赏心悦目的界面。这就需要根据不同类型的产品需求设计更加人性化和个性化的产品界面。

从界面设计与制作过程中的业务类型来看，应用较多的是网页界面、软件界面、图标和表情等。根据不同的需要，其制作软件也多种多样，但一般专业设计人员比较青睐 Photoshop 软件，它能够完成更富个性化的产品。

本项目我们将利用 Photoshop CC 2019 设计与制作网站首页界面、媒体播放器界面等任务，从而掌握更多的 Photoshop CC 2019 设计与制作的方法、技术。

 项目目标

1. 学会使用切片工具处理图像。
2. 熟练使用"动作"面板处理图像。
3. 学会使用混合模式处理图像。
4. 了解界面处理的一般方法。

 项目分解

◎ **任务一** 设计与制作网站首页界面
◎ **任务二** 设计与制作播放器界面

任务一 设计与制作网站首页界面
sheji yu zhizuo wangzhan shouye jiemian

任务描述

网站是众多企业树立良好形象的主要途径和重要手段之一。要使企业的网站在众多网站中脱颖而出，其界面的设计就显得十分重要。

网页界面设计其实是一个系统工程，它包括网站页面布局和设计、颜色的搭配、尺寸的大小和风格的定位等。网站首页界面是整个网站的"脸面"，首先突出的是功能，使访问者只要看一眼网站，就能够知道该网站的类型。其次就是能够给访问者带来一种视觉享受，特别是展示、宣传型的网站更加需要注重艺术设计。在本任务中，我们使用 Photoshop CC 2019 的基本技术和提供素材，设计与制作房地产宣传展示型网站，其效果如图 5-1-1 所示。

图 5-1-1　网站首页效果图

任务分析

房地产宣传展示型的网站内容不多，架构不复杂，更注重的是形象和楼盘的展示。因此，我们将"怡海新城"的实景图处理成宽幅画面作为主题放置在首页中间的位置，占据一半以上的版面。网站分类导航栏目按钮放置在主题图下面，当用户需要进一步了解详细内容时，单击按钮即可进入二级页面。同时将公司的名称、楼盘名、经营理念和联系方式分别放置在页面的上下端，给用户更多的信息。

根据网站的特点，本首页采用 800 像素 ×520 像素大小，使用图像自动合并、色调调整等技术进行整体设计，然后采取切片的方法分别保存文件，有利于网页的编辑和浏览。

任务准备

1. 认识切片工具

在制作网页时，通常要对页面进行分割，即制作切片。通过优化切片可以对切割的图像进行不同程度的压缩，从而减少图像的下载时间。切片还可以制作动画、链接到 URL 地址，或者使用它们制作翻转按钮。在 Photoshop 软件中，使用切片工具创建的切片称为用户切片，通过图层创建的切片称为基于图层的切片。

（1）切片工具。创建用户切片时，单击工具箱中的"切片工具"按钮，设置相关参数，即可在图像中创建切片，如图 5-1-2 所示。在切片工具选项栏的"样式"下拉列表框中可以选择切片的创建方法，包括"正常""固定长宽比"和"固定大小"。

图 5-1-2 使用"切片工具"切割图像

① 正常。通过拖动鼠标指针确定切片的大小。

② 固定长宽比。输入切片的高、宽比，可创建具有固定高、宽比的切片。

③ 固定大小。输入切片的宽度和高度值，然后在画面单击，即可创建指定大小的切片。

（2）切片选择工具。要对已经切片的图像进行编辑，可使用"切片选择工具"选择图像切片，设置工具选项栏相关选项和参数后即可实现选择、移动和调整切片等操作，如图 5-1-3 所示。

图 5-1-3 选择切片

① 调整切片堆叠顺序。在创建切片时，最先创建的切片是堆叠顺序中的顶层切片。当切片重叠时可单击该选项中的按钮，改变切片的堆叠顺序，以便能够选择到底层的切片。单击"置为顶层"按钮，可将所选切片调整到所有切片之上；单击"前移一层"按钮，可将所选切片向上层移动一个顺序；单击"后移一层"按钮，可将所选切片向下移动一个顺序；单击"转为底层"按钮，可将所选切片移动到所有切片之下。

② 提升。单击该按钮，可以将所选的自动切片或图层切片转换为用户切片。

③ 划分。单击该按钮，可以打开"划分切片"对话框对所选切片进行划分，如图 5-1-4 所示。

④ 对齐与分布切片。选择多个切片后，可单击该选项中的按钮来对齐或分布切片。

⑤ 隐藏自动切片。单击该按钮，可以隐藏自动切片。

⑥ 设置切片选项。单击该按钮，可在打开的"切片选项"对话框中设置切片的名称、类型并指定 URL 地址等，如图 5-1-5 所示。

图 5-1-4 "划分切片"对话框　　　　　图 5-1-5 "切片选项"对话框

2. 认识合并照片命令

合并照片命令可以将多幅照片组合成为一张连续的图像。在拼合图像的过程中，软件会自动创建一个新的文件，将需要拼合的图像文件作为一个图层添加到新建文件中，使用蒙版将图像中多余的部分隐藏，合并成为一张无缝的全景图。操作时，单击"文件"→"自动"→"Photomerge"命令，打开"Photomerge"对话框，如图 5-1-6 所示。单击"浏览"按钮，选择拼合的图像文件，然后单击"确定"按钮，即可完成照片的合并，如图 5-1-7 所示。

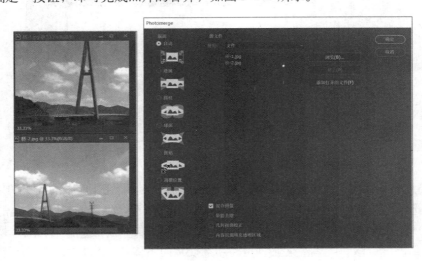

图 5-1-6 "Photomerge"对话框

① 自动。Photoshop 会分析源图像并应用"透视"或"圆柱"版面生成更好的复合图像。

② 透视。通过将源图像中的一个图像（默认为中间的图像）指定为参考图像来创建一致的复合图像，然后将变换（位置调整、伸展或斜斜切）其他图像，以便匹配图层的重叠内容。

③ 圆柱。通过在展开的圆柱上显示各个图像来减少在"透视"版面中出现的扭曲。图层的重

叠内容仍匹配，将参考图像居中放置。

图 5-1-7　合成照片效果

④ 球面。将图像与宽视角对齐（垂直和水平），指定某个源图像（默认为中间的图像）作为参考图像，并对其他图像执行球面变换，以便匹配重叠的内容。一般用于 360° 全景拍摄的照片。

⑤ 拼贴。对齐图层并匹配重叠内容，不修改图像中对象的形状。

⑥ 调整位置。对齐图层并匹配重叠内容，但不会变换（伸展或斜切）任何源图层。

 任务实施

1. 拼合图像

（1）启动 Photoshop CC 2019，进入操作界面。

（2）单击"文件"→"自动"→"Photomerge"命令，打开"Photomerge"对话框。

（3）单击"浏览"按钮，选择"素材 1""素材 2"文件。

（4）选择"自动"选项，勾选"混合图像"复选框，如图 5-1-8 所示。

（5）单击"确定"按钮。

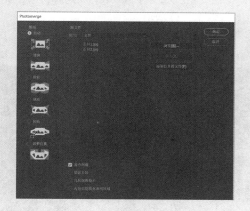

图 5-1-8　选择图像文件

（6）单击工具箱中的"裁剪工具"按钮。

（7）移动选框的控制点，将需要保留的区域框选，如图 5-1-9 所示。

（8）按〈Enter〉键确定裁剪。

> **小提示**
>
> 　单击"裁剪工具"按钮后，在文档窗口中就会创建一个裁剪选框，移动选框边缘的控制点缩放裁剪区域。

图 5-1-9　裁剪图像

（9）单击"图像"→"图像大小"命令。

（10）在"图像大小"对话框的"宽度"文本框中输入"1029"，在"高度"文本框中输入"527"，单位选择"像素"。

（11）在"分辨率"文本框中输入"72"，降低图像的分辨率，单位选择"像素/英寸"。

> 🐾 **小提示**
>
> 　　因为本作品最终是用于网页图像，只要能够保证清晰即可，不需要太高的分辨率。

（12）勾选"重新采样"复选框，如图 5-1-10 所示。

（13）单击"确定"按钮。

图 5-1-10　"图像大小"对话框

（19）单击"图层"面板"混合选项"列表。

（20）选择"叠加"选项，使图像更加清晰，如图 5-1-12 所示。

（21）将文件以"主题图 .tif"保存，留以备用。

图 5-1-12　设置混合选项

（14）单击"图层"→"拼合图像"命令，拼合图像。

（15）单击"背景"图层，拖动到"创建新图层"按钮，复制"背景 拷贝"图层。

（16）单击"图像"→"调整"→"阴影/高光"命令。

（17）在"阴影/高光"对话框的"高光"文本框中输入"0"，在"阴影"文本框中输入"0"，如图 5-1-11 所示。

（18）单击"确定"按钮。

图 5-1-11　调整图像

2. 创建相册背景

（1）单击"文件"→"新建"命令。

（2）在"新建文档"对话框的"宽度""高度"文本框中分别输入"800"和"520"，单位选择"像素"，在"分辨率"文本框中输入"72"，单位选择"像素/英寸"，在"颜色模式"下拉列表框中选择"RGB 颜色"选项，如图 5-1-13 所示。

（3）单击"确定"按钮。

图 5-1-13　"新建文档"对话框

（4）单击"图层"面板"创建新图层"按钮。

（5）重命名为"背景1"图层。

（6）单击工具箱中的"设置前景色"按钮。

（7）在"拾色器（前景色）"对话框中选取深绿色（#043c03）。

（8）单击工具箱中的"油漆桶工具"按钮。

（9）移动鼠标指针到图像操作区并单击填充图层，如图5-1-14所示。

（10）单击"编辑"→"首选项"→"单位与标尺"命令。

（11）在"首选项"对话框"单位"栏的"标尺"下拉列表框中选择"像素"选项，如图5-1-15所示。

（12）单击"确定"按钮。

小提示

网页图像、图标的设计一般以像素为单位，其大小的精准度与印刷品要求一样，否则会影响网页布局的美观。

图5-1-14 填充图像

图5-1-15 "首选项"对话框

（13）单击"视图"→"新建参考线"命令。

（14）选择"新建参考线"对话框中的"水平"单选按钮。

（15）在"位置"文本框中输入"480"，如图5-1-16所示。

（16）单击"确定"按钮。

小提示

重复以上步骤，分别在水平方向420像素、450像素位置创建参考线。

（17）单击工具箱中的"矩形选框工具"按钮。

（18）在工具选项栏"羽化"文本框中输入"0像素"。

（19）在图像（420，0）像素点单击并拖动到（520，800）像素点，创建一个选区。

（20）按〈Ctrl〉+〈C〉键，复制选区图像。

（21）按〈Ctrl〉+〈V〉键，粘贴选区图像。

（22）双击"图层1"改名为"背景2"，如图5-1-17所示。

图5-1-16 建立参考线

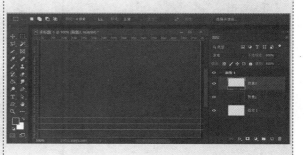

图5-1-17 "背景2"图层

（23）单击工具箱中的"矩形选框工具"按钮。

（24）在图像（420，0）像素点单击并拖动到（480，800）像素点，创建一个选区。

（25）按〈Ctrl〉+〈C〉键，复制选区图像。

（26）按〈Ctrl〉+〈V〉键，粘贴选区图像。

（27）双击"图层 2"改名为"背景 3"，如图 5-1-18 所示。

（28）单击工具箱中的"矩形选框工具"按钮。

（29）在图像（420，0）像素点单击并拖动到（450，800）像素点，创建一个选区。

（30）按〈Ctrl〉+〈C〉键，复制选区图像。

（31）按〈Ctrl〉+〈V〉键，粘贴选区图像。

（32）双击"图层 3"改名为"背景 4"，如图 5-1-19 所示。

图 5-1-18　"背景 3"图层

图 5-1-19　"背景 4"图层

（33）单击工具箱中的"单列选框工具"按钮。

（34）单击工具选项栏中"添加到选区"按钮。

（35）分别在 140、250、360、470、580、690 像素点建立选区。

（36）单击"背景 4"图层，按〈Delete〉键删除选区图像。

（37）单击"背景 3"图层，按〈Delete〉键删除选区图像，如图 5-1-20 所示。

（38）按〈Ctrl〉+〈D〉键删除选区。

（39）单击"视图"→"清除参考线"命令。

（40）单击"图层"面板"添加图层样式"按钮。

（41）选择"投影"命令。

（42）在"图层样式"对话框"角度"文本框中输入"0"。

（43）在"距离"文本框中输入"1"，在"大小"文本框中输入"1"，如图 5-1-21 所示。

（44）单击"确定"按钮。

（45）单击工具箱中的"移动工具"按钮。

（46）按〈↓〉键 2～3 次，移动图像。

图 5-1-20　删除选区图像

图 5-1-21　添加图层样式

（47）单击"图像"→"应用图像"命令。

（48）在"应用图像"对话框的"图层"下拉列表框中选择"背景4"选项。

（49）在"混合"下拉列表框中选择"滤色"选项。

（50）在"不透明度"文本框中输入"60"，如图5-1-22所示。

（51）单击"确定"按钮。

图 5-1-22　应用图像对话框

（5）单击"图像"→"调整"→"匹配颜色"命令。

（6）在"匹配颜色"对话框的"明亮度"文本框中输入"80"。

（7）在"颜色强度"文本框中输入"120"，如图5-1-24所示。

（8）单击"确定"按钮。

图 5-1-24　变形图像

3. 添加主题图

（1）单击"文件"→"置入嵌入对象"命令。

（2）将"主题图"文件置入到文档窗口中。

（3）调整图像大小与位置。

（4）右键单击"主题图"图层，选择"栅格化图层"命令，如图5-1-23所示。

图 5-1-23　置入文件

4. 添加按钮文字

（1）单击工具箱中的"横排文字工具"按钮。

（2）在工具选项栏的"字体"下拉列表框中选择"方正粗倩简体"，在"字号"文本框中输入"18点"，在"消除锯齿的方法"下拉列表框中选择"浑厚"选项，"颜色"选择"白色（ffffff）"。

（3）在图像操作区输入相应的栏目名称。

（4）单击工具箱"移动工具"按钮，调整文字的位置，如图5-1-25所示。

> **小提示**
>
> 栏目名称可以单个输入，也可以作为一行，调整文字的距离即可实现。

图 5-1-25　输入栏目名称

（5）单击工具箱中的"横排文字工具"按钮。

（6）在"字体"下拉列表框中选择"方正粗倩简体"，在"字号"文本框中输入"24点"，在"消除锯齿"下拉列表框中选择"浑厚"选项，"颜色"选择"绿色（d2ff00）"。

（7）将输入法切换到英文半角状态，在图像操作区输入"〉〉"符号，如图5-1-26所示。

（8）单击展开"字符"面板。

（9）设置字符间距为"100"，增大字符之间距离。

（10）单击"编辑"→"变换"→"旋转90度（逆时针）"命令，如图5-1-27所示。

小提示

采用同样的方法，给其他栏目按钮添加符号。

图 5-1-26　输入文本

图 5-1-27　设置文本

5.　添加其他信息

（1）单击"文件"→"置入嵌入对象"命令。

（2）选择"素材3"图像文件。

（3）调整图像的大小、位置，如图5-1-28所示。

（4）单击工具箱中的"横排文字工具"按钮。

（5）在图像操作区输入"滨海地产|怡|海|新|城|"文本。

（6）单击并拖动鼠标选择"滨海地产"文字。

（7）在"字体"下拉列表框中选择"草檀斋毛泽东字体"，在"字号"文本框中输入"40点"，在"消除锯齿"下拉列表框中选择"浑厚"选项，"颜色"选择"白色（ffffff）"，如图5-1-29所示。

小提示

参照图5-1-29，添加其他信息。

图 5-1-28　置入文件

图 5-1-29　输入文本

6. 切片图像

(1) 单击"视图"→"新建参考线"命令。

(2) 选择"新建参考线"对话框中的"水平"单选按钮。

(3) 在"位置"文本框中输入"85"。

(4) 单击"确定"按钮。

> **小提示**
>
> 重复步骤（1）～（4）的操作，分别在水平方向420、480 像素位置和垂直方向 690、580、470、360、250、140 像素位置创建参考线，如图 5-1-30 所示。

图 5-1-30 添加参考线

(5) 单击工具箱中的"切片工具"按钮。

(6) 单击（0, 0）像素点并拖动鼠标到（800, 85）像素点，创建切片 01。

> **小提示**
>
> 重复步骤（5）～（6）的操作，分别在（0, 85）至（800, 420）、（0, 420）至（140, 480）、（140, 420）至（250, 480）、（250, 420）至（360, 480）、（360, 420）至（470, 480）、（470, 420）至（580, 480）、（580, 420）至（690, 480）、（690, 420）至（800, 480）和（0, 480）至（800, 520）等像素点创建切片，如图 5-1-31 所示。

图 5-1-31 切片图像

(7) 单击"文件"→"导出"→"存储为 Web 所用格式"命令。

(8) 单击"存储为 Web 所用格式"对话框右上角"优化菜单"按钮 ，选择"编辑输出设置"命令。

(9) 在"输出设置"对话框"类型"下拉列表框中选择"切片"选项。

(10) 在"默认切片命名"文本框中输入"bhdc"，其他为默认设置，如图 5-1-32 所示。

(11) 单击"确定"按钮，返回上级对话框。

图 5-1-32 设置图像选项

(12) 单击"存储"按钮。

(13) 在"将优化结果存储为"对话框中选择文件存储的文件夹。

(14) 单击"保存"按钮。

> **小提示**
>
> 单击"保存"按钮后，软件会自动创建一个"images"文件夹，将按图像的切片分成多个图像文件，如图 5-1-33 所示。同时还会发现，通过切片，优化的文件总容量比原来单个图像小了许多，更有利于在网上传输。

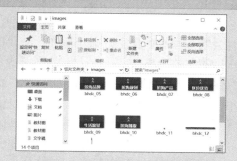

图 5-1-33 切片后的图像

1. 修改像素尺寸和画布大小

在处理图像的过程中，经常会对图像像素、画布尺寸、旋转图像等操作。

（1）修改图像尺寸。使用修改"图像大小"命令可以调整图像的像素大小、打印尺寸和分辨率。修改像素大小不仅会影响图像在屏幕上的视觉大小，还会影响图像的质量及其打印特性，同时也决定了其占用多大的存储空间。

操作时，单击"图像"→"图像大小"命令，打开"图像大小"对话框，如图5-1-34所示。当启用修改其中的某项参数后，新文件的大小会出现在对话框的顶部，旧的文件大小在括号内显示，如图5-1-35所示。

| 图 5-1-34　"图像大小"对话框 | 图 5-1-35　改变参数后的对话框 |

① 缩放样式。如果文档中的图像添加了图层样式，选择该选项后，调整图像的大小时会自动缩放样式效果。只有选择了"约束比例"选项后，才能使用该选项。

② 约束比例。修改图像的宽度或高度时，可保持宽度和高度的比例不变。

③ 重新采样。当减少像素的数量时，就会从图像中删除一些信息；当增加像素的数量或增加像素取样时，则会添加新的像素。在"图像大小"对话框最下面的列表中可以选择一种插值方法来确定添加或删除像素的方式，包括"邻近""两次线性"等，默认为"两次立方"。

（2）修改画布大小。画面是指整个文档的工作区域。操作时，单击"图像"→"画布大小"命令，可以在打开的"画布大小"对话框中修改画布尺寸，如图5-1-36所示。

① 当前大小。显示了图像宽度和高度的实际尺寸和文档的实际大小。

② 新建大小。可以在"宽度"和"高度"文本框中输入画布的尺寸。当输入的数值大于原尺寸时会增加画布，反之则减小画布。减小画面会裁剪图像。输入尺寸后，该选项右侧会显示修改画布后的文档大小。

③ 相对。勾选该复选框，"宽度"和"高度"选项中的数值将代表实际增加或者减少的区域的大小，而不再代表整个文档的大小，此时输入正值表示增加画布，输入负值则表示减小画布。

④ 定位。单击不同的方格，可以指示当前图像在新画布上的位置，如图5-1-37所示。

⑤ 画布扩展颜色。在该下拉列表框中可以选择填充新画布的颜色，如果图像的背景是透明的，则"画布扩展颜色"选项将不同，添加的画布也是透明的。

图 5-1-36 "画布大小"对话框

图 5-1-37 定位扩展方向

（3）图像旋转。"图像旋转"命令与"编辑"菜单下的"变换"有较大的区别，"图像旋转"命令用于旋转整个图像。操作时，单击"图像"→"图像旋转"→"180 度（1）/……"命令，可以按一定的角度旋转图像，如图 5-1-38 所示。

图 5-1-38 旋转命令

2. 认识裁剪工具

（1）裁剪工具。"裁剪工具" 可以对图像进行裁剪，重新定义画面的大小。选择该工具后，在画面中单击并拖出一个矩形定界框，按〈Enter〉键，就可以将定界之外的图像裁剪。在操作的过程中，还可以设置裁剪工具选项栏相关参数，如图 5-1-39 所示。

图 5-1-39 "裁剪工具"选项栏

① 裁剪选项。单击"裁剪选项"下拉列表框，在列表中可以选择适合的选项，定义裁剪图像大小或比例，同时，还可以在"宽度"和"高度"文本框中输入具体的参数确定裁剪选框的大小。

② 拉直。拉直选项可以将倾斜的画面拉直。操作时，单击"拉直"按钮 ，在画面中单击并拖动一条直线，让其他关键元素（如地平线、建筑物等）对齐，如图 5-1-40 所示。

③ 视图。在"视图"列表中有"三等分""网格""对角"等多种参考线，用户可以根据需要选择合适的参考线裁剪图像。

（2）透视裁剪工具。当拍摄高大的建筑时，由于视角较低，竖直的线条会向消失点集中，从而产生透视畸变。使用透视裁剪工具 能够解决，如图 5-1-41 所示。

图 5-1-40　拉直图像

图 5-1-41　透视裁剪效果

3. 了解 Web 安全颜色

　　颜色是网页设计的重要内容，然而，在计算机屏幕上看到的颜色却不一定在其他系统的 Web 浏览器中会以同样的效果显示。为了使 Web 图形的颜色在所有显示器上看起来一模一样，在制作网页时，就需要使用 Web 安全颜色。

　　在"拾色器"或"颜色"面板中调整颜色时，如果出现警告图标，可以单击该图标，将当前颜色替换为与其最为接近的 Web 安全颜色。为了避免调整的失误，可在"拾色器"或"颜色"面板中设置成始终在 Web 安全颜色模式下工作，如图 5-1-42 所示。

4. 了解"匹配颜色"命令

　　"匹配颜色"命令可以将一个图像（源图像）的颜色与另一个图像（目标图像）的颜色相匹配，使多个图像的颜色保持一致。此外，该命令还可以匹配多个图层和选区之间的颜色，如图 5-1-43 所示。

　　（1）目标。显示被修改的图像名称和颜色模式信息。

　　（2）应用调整时忽略选区。如果当前图像中包含选区，勾选该复选框，可以忽略选区，将调整应用于整个图像；取消勾选该复选框，则仅影响选区内的图像。

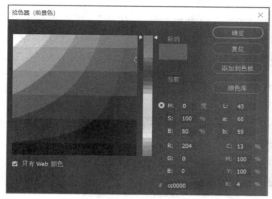

图 5-1-42　Web 颜色设置

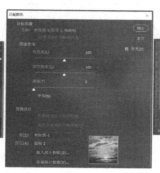

图 5-1-43　颜色匹配

（3）明亮度。可增加或减小图像的亮度。

（4）颜色强度。用来调整色彩的饱和度。该值为 1 时，生成灰度图像。

（5）渐隐。用来控制应用于图像的调整量，该值越高，调整强度越弱。

（6）中和。勾选该复选框可消除图像中的色彩偏差。

（7）使用源选区计算颜色。如果在源图像中创建了选区，勾选该复选框，可使用选区中的图像匹配当前图像的颜色；取消勾选该复选框，则会使用整幅图像进行匹配。

（8）使用目标选区计算调整。如果在目标图像中创建了选区，勾选该复选框，可使用选区内的图像来计算调整；取消勾选该复选框，则使用整个图像中的颜色来计算调整。

（9）源。可选择要将颜色与目标图像中的颜色相匹配的源图像。

（10）图层。用来选择需要匹配颜色的图层。如果要将"匹配颜色"命令应用于目标图像中的特定图层，应确保在执行"匹配颜色"命令时该图层处于当前选择状态。

（11）载入统计数据 / 存储统计数据。单击"载入统计数据"按钮，可载入已存储的设置；单击"存储统计数据"按钮，可以将当前的设置保存。使用载入的统计数据时，不需要打开源图像，就可以完成匹配目标的图像。

5. 了解"曲线"命令

曲线也是用于调整图像色彩与色调的工具，它比色阶更加强大，色阶只有 3 个调整功能，即白场、黑场和灰度系数，而曲线允许在图像的整个色调范围内（从阴影到高光）最多调整 14 个点。在所有调整工具中，曲线可以提供最为精确的调整结果。当我们打开一个图像文件，执行"曲线"命令，即可设置"曲线"对话框，如图 5-1-44 所示。

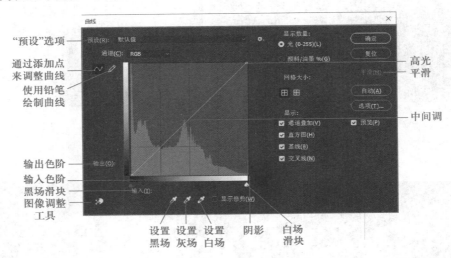

图 5-1-44 "曲线"对话框

（1）预设。该选项的下拉列表框中包含了多种预设调整选项，当选择"无"选项时，可通过搬运曲线来调整图像，选择其他选项时，则可以使用预设选项调整图像，如图 5-1-45 所示。单击预设右侧的按钮，可以进行"存储预设""载入预设"和"删除当前预设"操作。

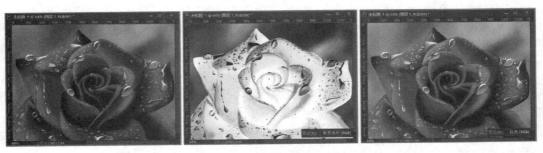

图 5-1-45 预设选项效果

（2）通道。在该选项的下拉列表框中可以选择需要调整的通道。RGB 颜色模式的图像可以调整 RGB 复合通道和红、绿、蓝色通道，如图 5-1-46 所示。当然，其他颜色模式的图像同样也可以调整通道，如 CMYK 颜色模式的图像可调整 CMYK 复合通道与青色、洋红、黄色、黑色等通道。

（3）图像调整工具。单击 按钮后，可以在画面中单击并拖动鼠标指针调整曲线。

（4）通过添加点来调整曲线。单击 按钮后，在曲线中单击可添加新的控制点，拖动控制点改变曲线形状，即可调整图像，如图 5-1-47 所示。

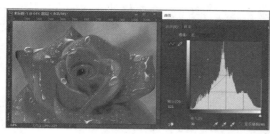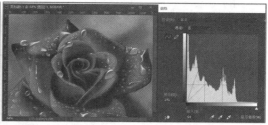

图 5-1-46　通道选项效果

（5）使用铅笔绘制曲线。单击 ✏ 按钮后，可在打开的对话框内绘制手绘效果的自由曲线。绘制曲线后，单击"通过添加点来调整曲线"按钮，在曲线上显示控制点，如图 5-1-48 所示。

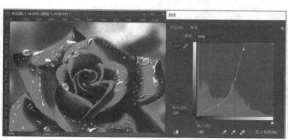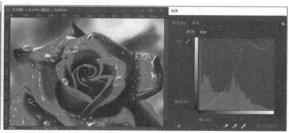

图 5-1-47　调整曲线　　　　　图 5-1-48　绘制曲线

（6）平滑。使用铅笔绘制曲线工具绘制自由形状的曲线后，单击"平滑"按钮，可对曲线进行平滑处理。

（7）输入色阶 / 输出色阶。"输入色阶"显示调整前的像素值，"输出色阶"显示调整后的像素值。

（8）高光 / 中间调 / 阴影。移动曲线顶部的点可调整图像的高光区域；移动曲线中间值的点可以调整图像的中间调；移动曲线底部的点可以调整图像的阴影区域。

（9）设置黑场 / 设置灰点 / 设置白场。使用黑场工具在图像中单击，可将单击点的像素变为黑色，原图像中比较暗的像素也会变为黑色；使用灰点工具在图像中单击，可根据单击点像素的亮点来调整其他中间色调的平均亮度；使用该工具在图像中单击，可将单击点的像素变为白色，比该点亮度值大的像素也都会变为白色。

6. 认识优化图像

创建切片后，需要对图像进行优化，以减小文件的容量。在 Web 上发布图像时，较小的文件可以使 Web 服务器更加高效地存储和传输图像，用户更加快捷地下载图像。

（1）"存储为 Web 所用格式"对话框。执行"存储为 Web 所用格式"命令后，进入"存储为 Web 所用格式"对话框，如图 5-1-49 所示，使用该对话框中的优化功能可以对图像进行优化和输出。

① 显示选项。单击"原稿"标签，窗口中只显示没有优化的图像；单击"优化"标签，窗口

中只显示应用了当前优化设置的图像；单击"双联"标签，并排显示图像的两个版本，即优化前和优化后的图像；单击"四联"标签，并排显示图像的4个版本，除原稿外的其他3个图像可以进行不同的优化，每个图像下面都提供了优化信息，供我们通过直观对比选择最佳的优化方案。

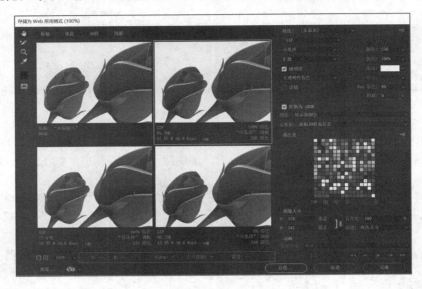

图 5-1-49 "存储为 Web 所用格式"对话框

② 缩放工具 / 抓手 / 缩放文本框。使用缩放工具单击可以放大图像的显示比例，按住 Alt 键单击则缩小显示比例，也可以在缩放文本框中输入显示百分比，使用抓手工具可以移动查看图像。

③ 切片选择工具。当图像包含多个切片时，可使用该工具选择窗口中的切片，便于对其进行优化。

④ 吸管工具 / 吸管颜色。使用吸管工具在图像中单击，可以拾取单击点的颜色，并显示在吸管颜色图标中。

⑤ 切换切片可视性。单击该按钮可以显示或隐藏定界框。

⑥ 优化弹出菜单。包含"存储设置""链接切片"等命令。

⑦ 颜色弹出菜单。包含与颜色表有关的命令，可新增颜色、删除颜色以及对颜色进行排序等。

⑧ 颜色表。将图像大小调整为指定的像素尺寸或原稿大小的百分比。

⑨ 状态栏。显示光标所在位置图像的颜色值等信息。

（2）Web 图形优化选项。优化图形选项中有 GIF、JPEG、PNG-8、PNG-24 和 WBMP 五种格式，每一种格式都有不同的选项设置，如图 5-1-50 所示。

GIF 格式是用于压缩具有单调颜色和清晰细节的图像的标准格式，是一种无损的压缩格式。PNG-8 格式也可有效地压缩纯色区域，同时保留清晰的细节。这两种格式都支持 8 位颜色，即可显示 256 种颜色。

① 损耗。通过有选择地扔掉数据来减小文件大小，可以将文件减小 5%～40%。一般情况下，应用 5%～10% 的"损耗"不会对图像产生较大的影响，如图 5-1-51 所示。

② 减低颜色深度算法 / 颜色。指定用于生成颜色查找表的方法，以及想要在颜色查找表中使用的颜色数量，如图 5-1-52 所示为不同颜色数量的图像效果。

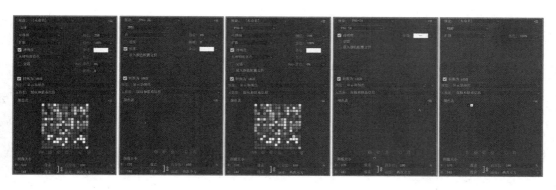

图 5-1-50 优化选项

图 5-1-51 损耗选项设置效果

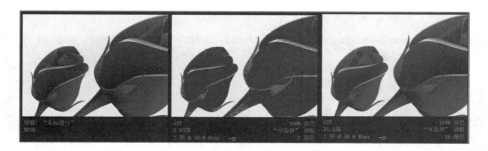

图 5-1-52 不同颜色数量的图像效果

③ 仿色算法 / 仿色。仿色是指通过模拟电脑的颜色来显示系统中未提供的颜色的方法。较高的仿色百分比会使图像中出现更多的颜色和细节，同时也会增大文件容量，如图 5-1-53 所示。

图 5-1-53 仿色效果

④ 透明度 / 杂边。确定如何优化图像中的透明度像素，如图 5-1-54 所示就是设置其透明度和杂边的不同效果。

图 5-1-54　透明效果

⑤ 交错。当图像文件正在下载时，在浏览器中显示图像的低分辨率版本，使用户感觉下载时间更短，但会增加文件的容量。

⑥ Web 靠色。指定将颜色转换为接近 Web 面板等颜色的容差级别。该值越高，转换的颜色越多。

（3）JPEG 是用于压缩连续色调图像的标准格式。将图像优化为 JPEG 格式时采用的是有损压缩，它会有选择性地扔掉数据实现减少文件大小，如图 5-1-55 所示。

图 5-1-55　JPEG 图像格式

① 压缩品质 / 品质。用来设置压缩程度。"品质"设置越高，图像的细节越多，文件也越大。

② 连续。在 Web 浏览器中以渐进方式显示图像。

③ 优化。若要最大限度地压缩文件，可以使用优化的 JPEG 格式。

④ 嵌入颜色配置文件。在优化文件中保存颜色配置文件，浏览器显示网页会使用颜色配置文件进行颜色校正。

⑤ 模糊。指定应用于图像的模糊量。能够创建如同"高斯模糊"滤镜相同的效果。

⑥ 杂边。为原始图像中透明的像素指定一个填充颜色。

PNG-24 适合于压缩连续色调图像，它的优点是可以在图像中保留 256 个透明度级别，但生成的文件比 JPEG 格式大得多。WBMP 格式是用于优化移动设备（移动电话）图像的标准模式。使用该格式后，图像中只包含黑、白两种像素。

7. 了解动作

在 Photoshop 软件中，动作可以录制选框、移动、多边形、套索、魔棒、裁剪、切片、魔术橡皮擦、渐变、油漆桶、文字、形状、注释、吸管、颜色取样等工具和色板、颜色、图层、样式、路径、通道、历史记录等面板进行的操作。对于其他不能记录为动作的操作，我们可以使用插入"菜单项目"或"停止"命令手动添加。

（1）"动作"面板。动作是用于处理单个文件或是一批文件的系列命令。在 Photoshop软件中，我们可以将图像的处理过程通过动作记录下来，以后对其他图像进行相同的处理时，执行该动作就可以自动完成操作任务。"动作"面板用于创建、播放、修改和删除动作，如图 5-1-56所示。

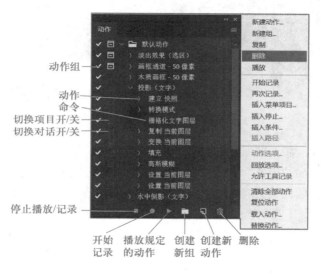

图 5-1-56 "动作"面板

① 切换项目开 / 关。若动作组、动作和命令前显示有"√"的标志。表示该个动作组、动作和命令可以执行，没有该标志，表示该动作组、动作或命令不能执行。

② 切换对话开 / 关。如果命令前显示有该标志并为灰色，表示动作执行到该命令时会暂停，并打开相应命令的对话框，此时可以修改命令的参数，单击提示对话框中的"确定"按钮，可继续执行后面的动作；若动作组和动作前出现该标志并为红色，则表示该动作中有部分命令设置了暂停。

③ 动作组 / 动作 / 命令。动作组是一系列动作的集合，动作是一系列操作命令的集合；命令是执行某个操作过程或方法。

④ 停止播放 / 记录。用来停止播放动作和停止记录动作。

⑤ 开始记录。单击该按钮，即可录制动作。

⑥ 播放选定的动作。选择一个动作后，单击该按钮可播放该动作。

⑦ 创建新组。可创建一个新的动画组，以保存新建的动作。

⑧ 创建新动作。单击该按钮，可创建一个新动作。

⑨ 删除。选择动作组、动作或命令后，单击该按钮，即可将其删除。

（2）在动作中插入命令。当我们完成一个动作记录后，发现需要在其中某两个动作之间添加新命令，只需要将需要插入新命令前的一个动作选取，单击"动作"面板上"开始记录"按钮，操作该命令，结束后，单击"停止记录"按钮即可完成，如图 5-1-57 所示。

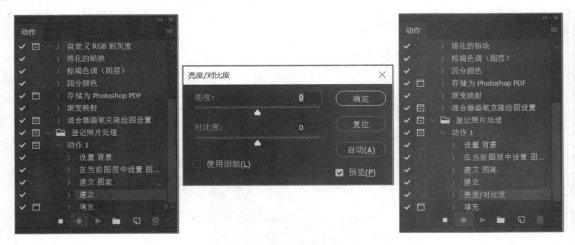

图 5-1-57　插入命令

（3）插入菜单项目。插入菜单项目是指动作中插入菜单中的命令，可以将许多不能录制的命令插入到动作中，比如"填充"命令中的图案填充，每次需要选择新的图案，就需要采用插入菜单项目才能完成。插入菜单项目首先选择需要插入"项目"前的动作，单击"动作"面板上"开始记录"按钮，单击"动作"面板下拉菜单，选择"插入菜单项目"命令，即可弹出"插入菜单项目"提示对话框，选择需要插入的菜单项目，单击"停止记录"按钮即可完成，如图 5-1-58 所示。

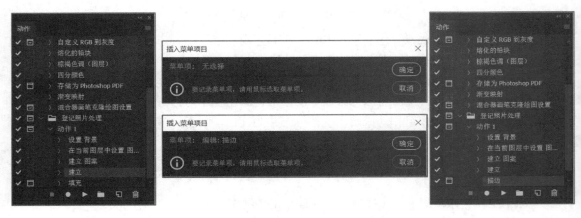

图 5-1-58　插入菜单项目

8. 批量处理登记照片效果

(1) 单击"文件"→"打开"命令。

(2) 在"打开"对话框中选择"素材4"图像文件。

(3) 单击"动作"面板上"创建新组"按钮。

(4) 在"新建组"对话框的"名称"文本框中输入"登记照片处理",如图5-1-59所示,单击"确定"按钮。

(5) 单击"动作"面板上"创建新动作"按钮。

(6) 单击"新建动作"对话框的"记录"按钮,如图5-1-60所示。

小提示

创建新动作后,我们可发现"开始记录"按钮生效,即以下每一步操作都会被记录下来。

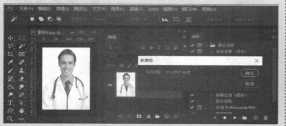

图 5-1-59 切片后的图像

图 5-1-60 "新建动作"对话框

(7) 按住〈Alt〉键,双击"背景"图层,将其转换为普通图层。

(8) 单击"图层"面板中"创建图层样式"按钮,选择"描边"命令。

(9) 在"图层样式"对话框的"大小"文本框中输入"10",在"位置"下拉列表框中选择"内部"选项,"颜色"设置为"红色(b30d0d)",如图5-1-61所示,单击"确定"按钮。

(10) 单击"编辑"→"定义图案"命令。

(11) 在"图案名称"对话框的"名称"文本框中输入"照片1",如图5-1-62所示,单击"确定"按钮。

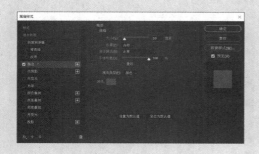

图 5-1-61 添加图层样式

图 5-1-62 定义图案

（12）单击"文件"→"新建"命令。

（13）在"新建文档"对话框的"名称"文本框中输入"照片"，在"宽度""高度"文本框中分别输入"2.8"和"3"，单位选择"英寸"，在"分辨率"文本框中输入"300"，单位选择"像素/英寸"，在"颜色模式"下拉列表框中选择"CMYK 颜色"，如图 5-1-63 所示。

（14）单击"确定"按钮。

（15）单击"动作"面板下拉按钮 。

（16）选择"插入菜单项目"命令。

（17）单击"编辑"→"填充"命令。

（18）单击"插入菜单项目"对话框中的"确定"按钮，如图 5-1-64 所示。

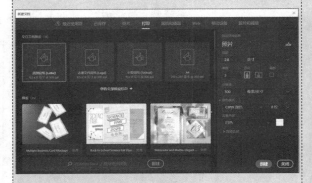

图 5-1-63　"新建文档"对话框

图 5-1-64　插入菜单项目

（19）单击"动作"面板"停止记录"按钮。

（20）双击"动作"面板中"填充"动作。

（21）在"填充"对话框的"使用"栏中选择"图案"选项。

（22）在"自定图案"选项栏中选择最新定义的图案。

（23）单击"确定"按钮即可填充图像，如图 5-1-65 所示。

（24）单击"文件"→"打开"命令。

（25）在"打开"对话框中选择"素材 5"图像文件。

（26）单击"动作"面板上"动作 1"选项。

（27）单击"动作"面板上"播放选定动作"按钮。

（28）在"填充"对话框中选择最新定义的图案。

（29）单击"确定"按钮，即完成一张新照片的制作，如图 5-1-66 所示。

> **小提示**
>
> 我们可以采取这种方法，成批完成登记照片的处理，如"全班登记照片"的制作。

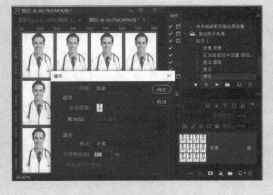

图 5-1-65　选择填充图案

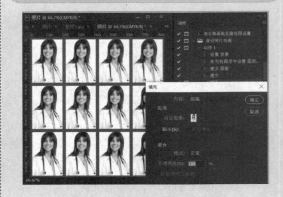

图 5-1-66　运用动作

（30）单击"批处理登记照片"动作。

（31）单击"动作"面板"下拉菜单"按钮。

（32）选择"存储动作"命令。

（33）在弹出的"存储"对话框"名称"文本框中输入"批处理登记照片"文件名，如图 5-1-67 所示。

（34）单击"保存"按钮。

 小提示

将自定义动作保存以后，无论是重新安装系统或软件后，只要单击"动作"面板"下拉菜单"选择"载入动作"命令载入动作后即可使用该动作。

图 5-1-67　存储动作

思考练习

1．Photoshop 软件中的动作是用于处理单个文件或一批文件的系列命令，它（　　　）。

　　A．能够记录操作的所有命令

　　B．只记录菜单中的命令，不记录工具和面板的操作

　　C．能够记录部分命令和工具、面板的操作

2．Photoshop 软件，切片的类型有（　　　）。

　　A．用户切片　　　　　　　B．图层切片　　　　　　C．用户切片和图层切片

3．用于移动设备图像的标准格式为（　　　）格式。

　　A．JPEG　　　　　　　　　B．BMP　　　　　　　　C．GIF

活动评价

在完成本次任务的过程中，我们学会了使用 Photoshop 软件设计、制作网站首页界面，请对照表 5-1-1 进行评价与总结。

表 5-1-1　活动评价表

评价指标	评价结果	备注
1．能够切片工具裁剪图像	□A □B □C □D	
2．能够使用动作命令拼命图像	□A □B □C □D	
3．能够运用曲线命令调整图像	□A □B □C □D	
4．能够设计与制作网站首页界面	□A □B □C □D	

综合评价：

任务二　设计与制作播放器界面
sheji yu zhizuo bofangqi jiemian

任务描述

　　听音乐、看电视是网络生活中的重要内容，各种播放软件遍布于网络的每一个角落，这些播放软件的播放质量、技术含量也相差无几。关键在于播放器设计的个性化、人性化和美观程度，使人们有欲望试用，并且长期使用。因此，播放器界面的设计与制作环节显得非常重要。

　　播放器界面也常常被称为"皮肤"。一般来说，改变"皮肤"主要是在原播放器界面的颜色和色调上做文章，也就是设计与制作一款播放器界面后，改变其不同的颜色或色调来实现。当然，也有通过改变播放界面布局而形成风格各异的界面。在本任务中，我们使用 Photoshop CC 2019 的基本技术和提供素材，设计与制作一款常见的播放器界面，其效果如图 5-2-1 所示。

图 5-2-1　播放器界面效果图

任务分析

　　播放器界面主要由媒体呈现框，软件关闭、窗口最大（小）化按钮和播放控制按钮，如播放、暂停、停止、快进、快退和音量大小等按钮组成。播放与暂停一般在播放器界面中占用同一个位置，即媒体处于播放状态时，显示暂停按钮，处于暂停状态时，显示播放按钮。因此，在界面的设计与制作的过程中，根据程度人员的要求，抓住主要设计要素，制作出一款漂亮的播放器界面也就不会是一件难事。

　　根据播放器界面的特点，本播放器采用 450 像素 ×350 像素大小，主要使用图层样式和色调调整等技术进行整体设计。

任务准备

1.　了解样式面板

　　"样式"面板（如图 5-2-2 所示）主要用来保存、管理和应用图层样式。用户也可以将软件提供的预设样式或者外部样式载入到该面板中使用。操作时，选择一个图层，单击"样式"面板中的一个样式，就可以为该图层或图层中的对象添加图层样式，如图 5-2-3 所示。

　　（1）载入样式。除了"样式"面板中显示的样式外，Photoshop 软件还提供了其他的样式，它们按照不同的类型放在不同的库中。载入时，单击"样式"面板右上角的按钮■，展开面板菜单，在菜单中选择一种样式类型，在弹出的对话框中单击"追加"按钮，就可以将样式载入，如图 5-2-4 所示。

图 5-2-2 "样式"面板

图 5-2-3 给图层添加样式

图 5-2-4 载入样式

（2）创建样式。在"图层样式"对话框中为图层添加了一种或多种效果以后，可以将该样式保存到"样式"面板中，方便以后使用。操作时，在"图层"面板中选择添加了效果的图层，然后单击"样式"面板中的"创建新样式"按钮，弹出 "创建新样式"对话框，在"名称"文本框中输入名称，单击"确定"按钮，就可以将新的图层样式添加到"样式"面板中，如图 5-2-5所示。

图 5-2-5 创建样式

2. 了解混合模式的应用

Photoshop 软件中的许多工具和命令都包含混合模式设置，如"图层"面板、绘画和修饰工具的工具选项栏、"图层样式"对话框、"填充"命令等应用到混合模式。

（1）用于混合图层。在"图层"面板中，混合模式用于控制当前图层中的像素与下面图层中的像素如何混合，如图 5-2-6 所示。

（2）用于混合像素。在绘画工具的工具选项栏，以及渐隐、填充、描边命令和"图层样式"

对话框，混合模式只将所添加的内容与当前操作的图像混合，而不会影响其他图层。如将"模式"设为"正片叠底"，使用画笔工具分别在两个图层中绘制图，其效果如图 5-2-7 所示。

图 5-2-6　混合图层

图 5-2-7　混合像素

 任务实施

1. 制作按钮

（1）单击"文件"→"新建"命令。

（2）在"新建文档"对话框中将文件重命名为"按钮"，在"宽度""高度"文本框中均输入"240"，单位选择"像素"，在"分辨率"文本框中输入"72"，单位选择"像素 / 英寸"，在"颜色模式"下拉列表框中选择"RGB 颜色"，如图 5-2-8 所示。

（3）单击"确定"按钮。

（4）单击"视图"→"新建参考线"命令，在"新建参考线"对话框中，分别建立"垂直""水平"方向的"120 像素"位置建立参考线。

（5）单击"图层"面板上的"创建新图层"按钮，如图 5-2-9 所示。

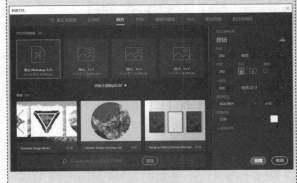

图 5-2-8　选择图像文件

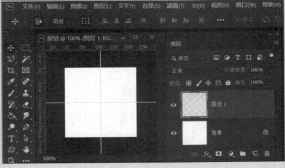

图 5-2-9　创建新图层

（6）单击工具箱中的"椭圆工具"按钮。

（7）在椭圆工具选项栏的"工具模式"下拉列表框中选择"像素"选项。

（8）单击文档窗口，弹出"创建椭圆"对话框，在"宽度""高度"文本框中均输入"200"，勾选"从中心"复选框，如图5-2-10所示。

（9）单击"确定"按钮。

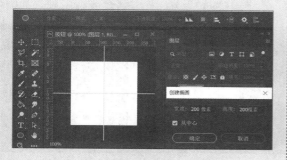

图5-2-10　绘制像素图形

（10）单击"样式"面板右上角的 按钮，展开菜单，选择"Web样式"命令。

（11）在弹出的对话框中，单击"追加"按钮，将样式载入到"样式"面板中。

（12）选择"带投影的紫色凝胶"样式，如图5-2-11所示。

图5-2-11　选择样式

（13）单击工具箱中"横排文字工具"按钮。

（14）在工具选项栏"字体"下拉列表框中选择"Marlett"图形符号字体，"字体颜色"设置为"白色"。

（15）单击图像操作区，输入"4"。

（16）调整文字大小与位置，如图5-2-12所示。

小提示

　　"Marlett"是一种图形符号字体，播放器控制按钮上的符号均可以通过组合、变形的方法获取。其他几个按钮采取同样的方法制作，分别存储为"PNG"格式备用即可。

图5-2-12　输入文本

2. 制作音量按钮

（1）单击"文件"→"新建"命令。

（2）在"新建文档"对话框中将文件重命名为"音量按钮"，在"宽度""高度"文本框中分别输入"400"和"300"，单位选择"像素"，在"分辨率"文本框中输入"72"，单位选择"像素/英寸"，在"颜色模式"下拉列表框中选择"RGB颜色"，如图5-2-13所示。

（3）单击"确定"按钮。

图5-2-13　新建对话框

（4）单击"图层"面板上的"创建新图层"按钮，创建新图层。

（5）单击工具箱中的"钢笔工具"按钮。

（6）在工具选项栏的"工具模式"下拉列表框中选择"图形"选项。

（7）按住〈Shift〉键，绘制一个三角形，如图5-2-14所示。

（8）右键单击"形状1"图层，选择"栅格化图层"命令。

（9）单击工具箱中的"矩形选框工具"按钮。

（10）在工具选项栏的"羽化"文本框中输入"0"。

（11）在文档窗口中建立矩形选区，按〈Delete〉键删除选区内容。

（12）重复建立选区，形成"音量"图形，如图5-2-15所示。

图 5-2-14　绘制图形

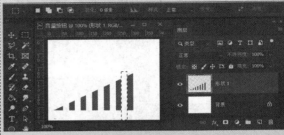

图 5-2-15　删除选区内容

（13）按〈Ctrl〉+〈D〉键删除选区。

（14）单击"图层"面板"背景"图层前的"眼睛"图标，取消背景图层显示。

（15）单击"样式"面板中"带阴影的紫色凝胶"样式，如图5-2-16所示。

（16）保存为"PNG"格式文件，留以备用。

3. 制作主界面

（1）单击"文件"→"新建"命令。

（2）在"新建文档"对话框中，将新文件命名为"播放器界面"。

（3）在"宽度""高度"文本框中分别输入"470"和"370"，单位选择"像素"，在"分辨率"文本框中输入"72"，单位选择"像素/英寸"，在"颜色模式"下拉列表框中选择"RGB颜色"，如图5-2-17所示。

（4）单击"确定"按钮。

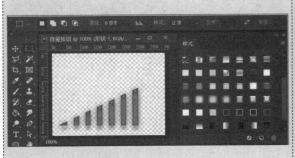

图 5-2-16　"首选项"对话框

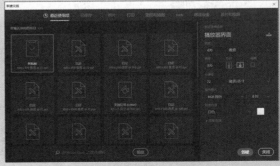

图 5-2-17　"新建文档"对话框

（5）单击"图层"面板上的"创建新图层"按钮。

（6）单击"矩形工具"按钮。

（7）在工具选项栏的"工具模式"下拉列表框中选择"像素"选项。

（8）单击文档窗口，打开"创建矩形"对话框。

（9）在"宽度"和"高度"文本框中分别输入"450"和"350"，勾选"从中心"复选框，如图 5-2-18 所示。

（10）单击"确定"按钮。

（11）在工具选项栏的"工具模式"下拉列表框中选择"路径"选项。

（12）单击文档窗口，打开"矩形工具"对话框。

（13）在"宽度""高度"文本框中分别输入"280"和"240"，勾选"从中心"复选框，如图 5-2-19 所示。

（14）单击"确定"按钮。

图 5-1-18 新建图像

图 5-1-19 复制图像

（15）单击工具箱中的"路径选择工具"按钮。

（16）右键单击文档窗口中的路径，选择"建立选区"命令，打开"建立选区"对话框。

（17）在"羽化半径"文本框中输入"0"，勾选"消除锯齿"选项，如图 5-2-20 所示。

（18）单击"确定"按钮。

（19）按〈Delete〉键，删除选区内容。

（20）单击"样式"面板中"带阴影的紫色凝胶"样式，如图 5-1-21 所示。

（21）按〈Ctrl〉+〈D〉键，删除选区。

图 5-2-20 建立选区

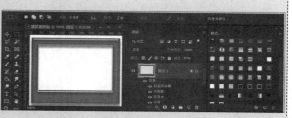

图 5-2-21 添加图层样式

4. 添加按钮与其他内容

（1）单击"文件"→"置入嵌入对象"命令。

（2）将"快退按钮"文件置入图像文档窗口中。

（3）在工具选项栏的"W""H"文本框中均输入"18%"，如图5-2-22所示。

> **小提示**
>
> 采取同样的方法将其他三个播放控制按钮置入到文档窗口中。

图5-2-22　置入文件

（4）按〈Ctrl〉键，将4个按钮图层选中。

（5）单击工具选栏中"垂直居中对齐"和"水平居中分布"按钮，如图5-2-23所示。

图5-2-23　排列对象

（6）单击"文件"→"置入嵌入对象"命令。

（7）将"音量按钮"文件置入到图像文档窗口中，如图5-2-24所示。

（8）在工具选项栏的"W""H"文本框中均输入"28%"，调整位置。

（9）单击"文件"→"置入嵌入对象"命令。

（10）将"最小化按钮"文件置入到图像文档窗口中，如图5-2-25所示。

（11）在工具选项栏的"W""H"文本框中均输入"10%"。

> **小提示**
>
> 采取同样的方法将其他两个播放控制按钮置入到文档窗口，然后调整它们的位置。

图5-2-24　置入文件

图5-2-25　置入文件

（12）单击"文件"→"置入嵌入对象"命令。

（13）将"素材1"文件置入到图像文档窗口中。

（14）调整图像的大小与位置，如图5-2-26所示。

（15）单击"图层"面板上的"添加图层样式"按钮。

（16）选择"内阴影"命令，打开"图层样式"对话框。

（17）在"混合模式"下拉列表框中选择"颜色加深"选项。

（18）在"距离"文本框中输入"12"，在"大小"文本框中输入"46"，如图5-2-27所示。

> **小提示**
>
> 至此，播放器界面的制作基本完成，我们可以使用"调整"面板中的"色相/饱和度"改变界面的颜色。

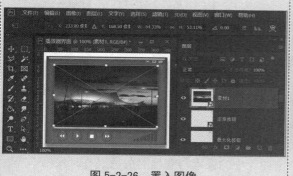

图 5-2-26　置入图像

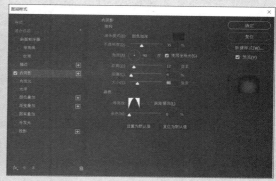

图 5-2-27　添加图层样式

任务拓展

1. 认识图层混合模式效果

图层混合模式是 Photoshop 软件一项非常重要的功能，它决定了像素的混合方式，可用于创建各种特殊效果，不会对图像本身造成任何破坏。

在"图层"面板中任意选择一个图层，单击"混合选项"，即可弹出混合模式下拉列表。混合模式分为6组，共27种，每组混合模式都可以产生相似的效果或相近的用途，如图5-2-28所示。

（1）组合模式组。组合模式组中的混合模式需要降低图层的不透明度才能产生作用。

（2）加深模式组。加深模式组中的混合模式可以使图像变暗，在混合过程中，当前图层中的白色将被底层较暗的像素替代。

（3）减淡模式组。减淡模式组与加深模式组产生的效果截然相反，它们可以使图像变亮。图像中的黑色会被较亮的像素替换，而任何比黑色亮的像素都可以加亮底层的图像。

（4）对比模式组。对比模式组中的混合模式可以增强图像的反差。在混合时，50%的灰色会完全消失，任何亮度值高于50%灰色的像素都可以加亮底层的图像，亮度值低于50%灰色的像素则可以使图层图像变暗。

（5）比较模式组。比较模式组中的混合模式可以比较当前图像与底层图像，然后将相同的区域显示为黑色，不同的区域显示为灰度层次或彩色。如果当前图层中包含白色，白色的区域会使底层图像反相，而黑色不会对底层图像产生影响。

（6）色彩模式组。使用色彩模式组中的混合模式时，Photoshop 软件会将色彩分为 3 种成分，即色相、饱和度和亮度，然后再将其中的一种或两种应用在混合后的图像中。

（7）混合模式效果示例

① 正常模式。正常模式为默认混合模式，图层的不透明度为100%时，会完全遮盖下面图层，如图5-2-29所示，降低不透明度可以与其下一图层混合。

② 溶解模式。溶解模式将降低图层的不透明度，可以使半透明区域上的像素离散，产生点状颗粒，如图 5-2-30 所示。

③ 变暗模式。使用变暗模式时，当前图层中较亮的像素会被底层较暗的像素替换，而亮度值比底层像素低的像素保持不变，如图 5-2-31 所示。

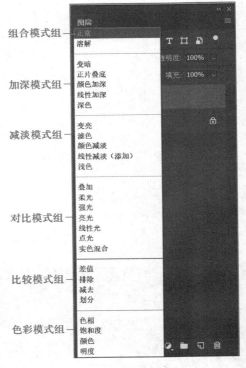

图 5-2-28　混合模式

④ 正片叠底模式。使用正片叠底模式时，当前图层中的像素与底层的白色混合时保持不变，与底层的黑色混合时则被替换，混合结果往往会使图像变暗，如图 5-2-32 所示。

图 5-2-29　正常模式

图 5-2-30　溶解模式

图 5-2-31　变暗模式

图 5-2-32　正片叠底模式

⑤ 颜色加深模式。使用颜色加深模式时，通过增加对比度来加强深色区域，底层图像的白色保持不变，如图 5-2-33 所示。

⑥ 线性加深模式。使用线性加深模式时，通过减小亮度使像素变暗，它与"正片叠底"模式的效果相似，但可以保留下面图像更多的颜色信息，如图 5-2-34 所示。

图 5-2-33　颜色加深模式

图 5-2-34　线性加深模式

⑦ 深色模式。使用深色模式时，两个图层将会比较所有通道值的总和并显示较小的颜色，不会生成第 3 种颜色，如图 5-2-35 所示。

⑧ 变亮模式。使用变亮模式时，当前图层中较亮的像素会替换底层较暗的像素，而较暗的像素则被底层较亮的像素替换，如图 5-2-36 所示。

图 5-2-35　深色模式

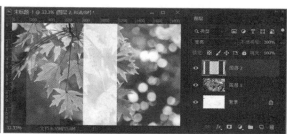

图 5-2-36　变亮模式

⑨ 滤色模式。使用滤色模式时，可以使图像产生漂白的效果，类似多个摄影幻灯片在彼此之上投影，如图 5-2-37 所示。

⑩ 颜色减淡模式。使用颜色减淡模式时，可以通过减小对比度来加亮底层的图像，并使颜色变得更加饱和，如图 5-2-38 所示。

图 5-2-37　滤色模式

图 5-2-38　颜色减淡模式

⑪ 线性减淡模式。使用线性减淡模式时，可以通过增加亮度来减淡颜色，产生的亮化效果比"滤色"和"颜色减淡"模式都强烈，如图 5-2-39 所示。

⑫ 浅色模式。使用浅色模式时，它会比较两个图层的所有通道值的总和并显示值较大的颜色，不会生成第 3 种颜色，如图 5-2-40 所示。

图 5-2-39 线性减淡模式

图 5-2-40 浅色模式

⑬ 叠加模式。使用叠加模式可以增强图像的颜色，并保持底层图像的高光和暗调，如图 5-2-41 所示。

⑭ 柔光模式。使用柔光模式时，当前图层中的颜色决定图像变亮或变暗。若当前图像中的像素比 50% 灰色亮，则图像变亮，否则变暗，如图 5-2-42 所示。

图 5-2-41 叠加模式

图 5-2-42 柔光模式

⑮ 使用强光模式时，当前图层中比 50% 灰色亮的像素会使图像变亮，比 50% 灰色暗的像素会使图像变暗，如图 5-2-43 所示。

⑯ 使用亮光模式时，若当前图层中的像素比 50% 灰色亮，则通过减小对比度的方式使图像变亮，反之则通过增加对比度的方式使图像变暗，如图 5-2-44 所示。

图 5-2-43 强光模式

图 5-2-44 亮光模式

⑰ 线性光模式。使用线性光模式时，若当前图层中的像素比 50% 灰色亮，将增加亮度使图像变亮，反之则减小亮度使图像变暗。与"强光"相比，"线性光"可以使图像产生更高的对比度，如图 5-2-45 所示。

⑱ 点光模式。使用点光模式时，若当前图层中的像素比 50% 灰色亮，则替换暗的像素，反之则替换亮的像素，如图 5-2-46 所示。

图 5-2-45　线性光模式　　　　　　　　　　图 5-2-46　点光模式

⑲ 实色混合模式。使用实色混合模式时，若当前图层中的像素比 50% 灰色亮，会使底层图像变亮，反之则会使底层图像变暗，如图 5-2-47 所示。

⑳ 差值模式。使用差值模式时，当前图层的白色区域会使底层图像产生反相效果，而黑色则不会对底层图像产生影响，如图 5-2-48 所示。

图 5-2-47　实色混合模式　　　　　　　　　图 5-2-48　差值模式

㉑ 排除模式。使用排除模式时，与"差值"模式相似，但该模式可以创建对比度更低的混合效果，如图 5-2-49 所示。

㉒ 减去模式。使用减去模式时，可以从目标通道中相应的像素上减去源通道中的像素值，如图 5-2-50 所示。

图 5-2-49　排除模式　　　　　　　　　　　图 5-2-50　减去模式

㉓ 划分模式。使用划分模式时，可以查看每个通道中的颜色信息，从基色中划分混合色，如图 5-2-51 所示。

㉔ 色相模式。使用色相模式时，将当前图层的色相应用到底层图像的亮度和饱和度中，可以改变底层图像的色相，但不会影响其亮度和饱和度。对于黑色、白色和灰色区域，该模式不起作用，如图 5-2-52 所示。

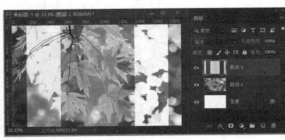

图 5-2-51　划分模式　　　　　　　　　　图 5-2-52　色相模式

㉕ 饱和度模式。使用饱和度模式时，将当前图层的饱和度应用到底层图像的亮度和色相中，可以改变底层图像的饱和度，但不会影响其亮度和色相，如图 5-2-53 所示。

㉖ 颜色模式。使用颜色模式时，将当前图层的色相和饱和度应用到图层图像中，但保持底层图像的亮度不变，如图 5-2-54 所示。

图 5-2-53　饱和度模式　　　　　　　　　　图 5-2-54　颜色模式

㉗ 明度模式。使用明度模式时，将当前图层的亮度应用于底层图像的颜色中，可改变底层图像的亮度，但不会对其色相和饱和度产生影响，如图 5-2-55 所示。

图 5-2-55　明度模式

2. 黑白照片变彩色效果

（1）单击"文件"→"打开"命令。

（2）在"打开"对话框中选择"素材2"图像文件。

（3）右键单击"背景"图层，选择"复制图层选项"命令。

（4）单击"复制图层"对话框"确定"按钮，复制并创建"背景拷贝"图层，如图5-2-56所示。

（5）单击"图层"面板"创建新图层"按钮，并重命名为"皮肤色"。

（6）将前景色设置为"粉红色（ed8870）"。

（7）单击工具箱中的"画笔工具"按钮。

（8）在工具选项栏中选择"柔角100像素"画笔笔尖。

（9）在图像操作区的人物皮肤上涂抹。

（10）单击"图层"面板"混合选项"列表并选择"柔光"混合模式，如图5-2-57所示。

图 5-2-56 复制图层

图 5-2-57 涂抹颜色

（11）单击"图层"面板中"添加蒙版图层"按钮。

（12）单击工具箱中的"画笔工具"按钮。

（13）在工具选项栏中选择"柔角30像素"画笔笔尖。

（14）在人物"眼睛珠"和"牙齿"部位涂抹，使其显示为黑白颜色，如图5-2-58所示。

（15）右键单击"皮肤色"图层。

（16）选择"复制图层"命令选项。

（17）单击"复制图层"对话框"确定"按钮。

（18）单击"图层"面板"混合选项"下拉按钮。

（19）在下拉列表框中选择"叠加"混合模式，如图5-2-59所示。

小提示

在涂抹的过程中，按〈[〉和〈]〉键放大或缩小画笔笔尖。

图 5-2-58 添加图层蒙版

图 5-2-59 复制图层

（20）单击"图层"面板"创建新图层"按钮，创建新图层并重命名为"口红"。

（21）将前景色设置为红色（#d10706）。

（22）单击工具箱中的"画笔工具"按钮。

（23）在工具选项栏中选择"柔角30像素"画笔笔尖。

（24）在图像操作区的人物"嘴唇"上涂抹。

（25）单击"图层"面板"混合选项"，选择"叠加"混合模式，如图5-2-60所示。

（26）单击"图层"面板"创建新图层"按钮，创建新图层并重命名为"头发"。

（27）将前景色设置为橙色（#fe6c00）。

（28）单击工具箱中的"画笔工具"按钮。

（29）在工具选项栏中选择"柔角30像素"画笔笔尖。

（30）在图像操作区的人物"头发"上涂抹。

（31）单击"图层"面板"混合选项"，选择"柔光"混合模式，如图5-2-61所示。

图5-2-60　涂抹嘴唇

图5-2-61　涂抹头发

（32）单击"图层"面板"添加图层蒙版"按钮。

（33）单击工具箱中的"画笔工具"按钮。

（34）在工具选项栏中选择"柔角72像素"画笔笔尖。

（35）在"不透明度"文本框中输入"40%"。

（36）在人物非头发部位涂抹，恢复皮肤颜色，如图5-2-62所示。

图5-2-62　选择填充图案

3. 界面的构成与设计方法

界面设计由结构设计、交互设计、视觉设计三个部分构成，每一个部分都具有不同的目的与设计技巧。

（1）结构设计。也称概念设计，是界面设计的骨架，即通过对操作者和任务的研究，制订出产品的整体架构。

（2）交互设计。其目的是使操作者能够简单使用产品，任何产品功能的实现，都是通过人与机器的交互来完成的。因此，人的因素就作为设计的核心被体现出来。一般来说有如下技巧：一是界面应该有清楚的错误提示，在操作者误操作后，产品能够提供有针对性的提示；二是让操作者方便地控制界面，给不同层次的操作者提供多种可能性；三是对同一种功能，可以用鼠标和键盘同时完成；四是无论在什么位置，都能够方便地退出，而且要考虑是按一个键完全退出，还是一层一层的逐级退出；五是优秀的导航功能和随时转移功能，很容易从一个功能跳到另外一个功能；六是让操作者知道自己当前的位置，以便其做出下一步行动。好的界面能够帮助用户更好地入门一种软件或一款游戏，同时还能够使操作更为便捷。

（3）视觉设计。在结构设计的基础上，参照目标群体的心理特征将结构设计与交互设计表现成为具体的可控制元素的设计，就是视觉设计，包括界面整体色彩方案，界面所使用的文字大小、字体及各元素的排列。视觉设计方面应该注意如下问题：一是界面应该清晰明了，最好允许操作者能够定制界面的颜色和字体等元素；二是提供默认、撤销、恢复等功能；三是完善视觉清晰度，图片、文字的布局和功能要十分准确，不要让操作者去猜；四是界面的布局要遵守产品行业的一般规则或人们的认知方式，不要为追求"奇"的效果而放弃一般规则，否则会导致设计的失败。

4. 界面设计的原则

界面设计领域虽然还处于起步阶段，但是，根据众多成功的设计师总结出的界面设计的基本原则。理解并掌握这些原则，有助于我们设计出符合要求的界面作品。

（1）合理性原则。在保证系统功能的基础上再做到合理与明确。任何的界面设计都是理性思维与感性思维的结合体，既要有定性也要有定量的分析。

（2）交互性原则。界面设计强调交互过程。一方面是客观的信息传达；另一方面是人的接受与反馈，传达与接受的过程必须是自然且有效的。

（3）简洁性原则。界面的简洁化设计目的是为了使操作者易于操作和使用，尽可能地减少操作发生错误的可能性。

（4）记忆性原则。人脑的记忆功能非常有限，而且大多数情况下还进行有选择的记忆，因此在设计界面时，必须考虑大脑处理信息的限度。

（5）一致性原则。界面的结构清晰且风格一致是每一个优秀界面必须具备的特质。一个成功的网站，无论是首页界面还是子页界面，除了美观、适用外，其设计风格都是一致的。

（6）易控性原则。界面设计应该构建于操作者已有知识的基础上，操作者才可以快速地运用其掌握的知识来使用界面。

（7）有序性原则。一个有序的界面能够让操作者轻松使用。

（8）安全性原则。操作者能够自由地做出选择，且所有的选择都是可逆的。当操作者做出错误选择时，会有信息提示。

以上原则并不能完全概括设计的方方面面，但是只要设计者本着一切以操作者为中心，一切设计以操作者的感受为第一要素，就能够设计出优秀的界面。

思考练习

1. 在 Photoshop 软件中，给图层设置了混合模式，是该图层与（　　　）混合后产生的效果。

　　A．上一图层　　　　　　B．下一图层　　　　　C．下面所有图层

2. 在 Photoshop 软件中，给图层添加图层样式时，若选择"全局光"选项，（　　　）。

　　A．与本图层中的其他"样式"使用相同光源

B．与本文件中的其他"样式"使用相同光源

C．与本文件中的其他"样式"使用不同光源

 活动评价

在完成本次任务的过程中，我们学会了使用Photoshop软件设计、制作播放器，请对照表5-2-1进行评价与总结。

表5-2-1　活动评价表

评 价 指 标	评 价 结 果	备　注
1．知道界面设计的方法	□A　□B　□C　□D	
2．会使用样式面板设置图层样式	□A　□B　□C　□D	
3．会使混合模式混合图层	□A　□B　□C　□D	
4．能够设计与制作播放器界面	□A　□B　□C　□D	

综合评价：

郑重声明

高等教育出版社依法对本书享有专有出版权。任何未经许可的复制、销售行为均违反《中华人民共和国著作权法》，其行为人将承担相应的民事责任和行政责任；构成犯罪的，将被依法追究刑事责任。为了维护市场秩序，保护读者的合法权益，避免读者误用盗版书造成不良后果，我社将配合行政执法部门和司法机关对违法犯罪的单位和个人进行严厉打击。社会各界人士如发现上述侵权行为，希望及时举报，本社将奖励举报有功人员。

反盗版举报电话　（010）58581999　58582371　58582488
反盗版举报传真　（010）82086060
反盗版举报邮箱　dd@hep.com.cn
通信地址　北京市西城区德外大街 4 号　高等教育出版社法律事务与版权管理部
邮政编码　100120

防伪查询说明

用户购书后刮开封底防伪涂层，利用手机微信等软件扫描二维码，会跳转至防伪查询网页，获得所购图书详细信息，也可将防伪二维码下的 20 位密码按从左到右、从上到下的顺序发送短信至 106695881280，免费查询所购图书真伪。

反盗版短信举报

编辑短信"JB，图书名称，出版社，购买地点"发送至 10669588128

防伪客服电话

（010）58582300

学习卡账号使用说明

一、注册 / 登录

访问 http://abook.hep.com.cn/sve，点击"注册"，在注册页面输入用户名、密码及常用的邮箱进行注册。已注册的用户直接输入用户名和密码登录即可进入"我的课程"页面。

二、课程绑定

点击"我的课程"页面右上方"绑定课程"，正确输入教材封底防伪标签上的 20 位密码，点击"确定"完成课程绑定。

三、访问课程

在"正在学习"列表中选择已绑定的课程，点击"进入课程"即可浏览或下载与本书配套的课程资源。刚绑定的课程请在"申请学习"列表中选择相应课程并点击"进入课程"。

如有账号问题，请发邮件至：4a_admin_zz@pub.hep.cn。